NORTHERN BEE BOOKS

Scout Bottom Farm, Mytholmroyd, West Yorkshire

www.northernbeebooks.co.uk

Betrachtungen zur Bienenhaltung
© W.S. Robson
Übersetzung: Sabine Ommerborn

ISBN: 978-1-904846-15-4

Verlag: Northern Bee Books, Dritte Auflage 2014
Scout Bottom Farm, Mytholmroyd, Hebden Bridge, HX7 5JS (UK)

Design und Druckvorlage: SiPat.inc

Druck von Lightning Source, UK

Zusätzliche Fotos und Bearbeitung durch John Phipps, 2013,
zusätzliche Fotos in der Übersetzung von Sabine Ommerborn, 2015

Betrachtungen zur Bienenhaltung

von W.S. Robson

Selby Robson

In Erinnerung an meinen Vater Selby Robson
„Sei gut zu den Bienen und sie werden gut zu dir sein"

*Willie bei der Umsiedelung eines Schwarms aus dem Briefkasten
an der Straße zur Imkerei am 1. Juli 1993*

Vorwort zur Übersetzung und zur dritten Auflage

Zwischen Newcastle upon Tyne und Edinburgh liegt an der Ostküste Großbritanniens die englische Stadt Berwick upon Tweed. An der englisch – schottischen Grenze ist die Berufsimkerei „Chain Bridge Honey Farm" von William Robson mit derzeit 1800 Bienenvölkern beheimatet.

Die Berufsimkerei in Nordengland stellt auf Grund der besonderen Witterungsverhältnisse und der geographischen Lage eine große Herausforderung an die Bienenvölker auf der einen Seite und den betreuenden Imker auf der anderen dar. Die dort gehaltene Bienenrasse ist die so genannte „Dunkle Biene". Wie der Name schon sagt, besitzt sie einen schwarzgrauen Hinterleib und wirkt insgesamt etwas gedrungen. Ihre herausragende Eigenschaft ist die Anpassungsfähigkeit an kühle, nasse Sommer, mit unter Umständen mageren Trachten und an lange, kalte Winter.

Vor dreißig Jahren konnte ich nach meiner Imkerausbildung ein Jahr lang in dieser Imkerei Berufserfahrung sammeln. Auch nach der Rückkehr nach Deutschland blieb der Kontakt zwischen mir und Familie Robson erhalten. Das gemeinsame Interesse an den Bienen und deren Bewirtschaftung in einer grandiosen Landschaft ließen viele Besuche auf der „Chain Bridge Honey Farm" folgen und eine herzliche Freundschaft entstehen. Der Betrieb wurde mit den Jahren immer größer, was eine Anpassung der Ausstattung und des Mitarbeiterstammes erforderte. Inzwischen arbeiten die drei Kinder von Daphne und William Robson in der Imkerei mit, so dass der Generationenwechsel langsam von statten geht und Erfahrungen weitergegeben werden können.

In diesem Buch beschreibt William Robson seine Erfahrungen als Berufsimker, der mit seinen Bienen, seiner Heimat, den Traditionen und der Landbevölkerung eng verbunden ist. Die ganz eigene Betrachtung gewisser imkerlicher Maßnahmen und der Bienenhaltung allgemein, mag auf manchen etwas befremdlich wirken. Aber der Erfolg der Berufsimkerei „Chain Bridge Honey Farm" gibt William Robson mit seiner Art der Völkerführung in diesem Teil Europas Recht.

Zum besseren Verständnis soll hier kurz

Besuch eines Heidestandplatzes in den Lammermuirs im August 2012. Dieses Volk hatte eine junge Königin, die Honigräume waren entsprechend wenig gefüllt. Das Jahr 2012 war geprägt von sehr kalten und regenreichen Witterungsverläufen. Somit war es auch das schlechteste Honigjahr in der bisherigen Laufbahn der Berufsimkerei „Chain Bridge Honey Farm".
(Foto: Mertens)

Die Betriebsweise auf der Chain Bridge Honey Farm

beschrieben werden:

Die von Mr. Robson gehaltenen Bienenvölker überwintern auf einem Brutraum mit 10 Waben in der Smith-Beute hauptsächlich entlang der Küste oder auf der schottischen Seite in sehr geschützten Lagen. Alte Gärten, umgeben von Mauern sind ideale Überwinterungsplätze, da dort im Frühjahr die Wärme der Sonne „eingefangen" werden kann und die Völker windgeschützt stehen. Im Frühjahr, bevor der Raps anfängt zu blühen, werden die Bienenvölker auf Weiselrichtigkeit kontrolliert, mit Honigräumen bestückt und dann von den Überwinterungsplätzen in die Rapsfelder gewandert. Auch hier sind windgeschützte Plätze bei der Aufstellung zu bevorzugen, liegen die Rapsfelder doch überwiegend in der Küstenregion mit viel Wind. Die Honigwaben sind nur mit Anfangsstreifen versehen, die Bienen bauen die Waben im Naturbau und füllen diese mit Rapshonig.

Die Zeit der Rapstracht ist auch die Hauptschwarmzeit. Bei der Schwarmkontrolle wird der Brutraum nur durch dessen Ankippen einer Kontrolle unterzogen, indem die Bienen mit Rauch von den Unterträgern vertrieben werden. Sind Weiselzellen mit nur jungen Larven am unteren Rand der Wabe vorhanden, wird dieses Volk mit einem schwächeren getauscht. Durch den Flugbienenverlust wird das schwarmtriebige Volk geschwächt und beißt die Zellen aus. Das schwächere Volk erstarkt durch den Zugang von Flugbienen und kann die Tracht nun besser ausnutzen. Ist der Schwarmtrieb schon weiter fortgeschritten, das heißt es sind verdeckelte Weiselzellen vorhanden, wird auf dem alten Standplatz ein Flugling mit der alten Königin aber ohne Brut gebildet (näheres siehe Kapitel „Flugling)

Nach Beendigung der Rapstracht werden alle halbhohen Honigräume bis auf einen mit Hilfe der Bienenflucht abgenommen. Die belassene Honigzarge dient den Völkern als Futterreserve für Schlechtwetterperioden und Trachtlücken. Bis die Völker auf ihre neuen Standplätzen in die Heide gebracht werden, können die Bienen Nektar und Pollen von Dicken Bohnen (Saubohnen) eintragen. Jedes Volk wird entsprechend seiner Stärke bis zum Abtransport in die Heide mit Honigräumen, deren Waben auch hier wieder mit Anfangsstreifen für Naturwabenbau versehen sind, erweitert.

Die ausgedehnten Heidemoore liegen auf englischer Seite in den Cheviot Hills und in Schottland in den Lammermuir Hills auf 300 Höhenmetern. Vor allem die Besenheide (Calluna vulgaris) beschert den Völkern auch noch bei schlechtem Wetter (unter 12°C) reichlich Nektar. Die Haltung der absolut widerstandsfähigen und regional angepassten „Dunklen Biene" zahlt sich bei diesen extremen Wetterbedingungen aus.

Nach der Heidetracht werden die halbhohen Honigräume mit Hilfe der Bienenflucht (Tunnel-Bienenflucht) abgeräumt, was sich bis in den September hinziehen kann, und im Honighaus bis zur Weiterverarbeitung auf Paletten gelagert.

vollautomatische Abfüllanlage (Foto: Ommerborn)

Das Honighaus ist für die Verarbeitung von vielen Tonnen Honig ausgelegt und entsprechend mit einem modernen Maschinenpark ausgestattet. In einer durchschnittlichen Saison werden fünfzig bis sechzig Tonnen Honig produziert, wobei 20% davon auf den Scheibenhonig entfallen.

Der geerntete Honig wird nach den zwei Sorten Blüten- und Heidehonig getrennt weiterverarbeitet. Der Rapshonig, der inzwischen auskristallisiert ist, wird samt Naturbauwabe in den so genannten Smasher („Fleischwolf") gegeben, dort fein zerkleinert und dann in einem Wärmeschrank für zwei Tage erwärmt. Dieses Honigwachsgemisch gelangt in eine Zentrifuge, so dass der Honig vom Wachs getrennt werden kann. Größere Kristalle werden in einem Honig-Homogenisierer zerkleinert.

Der andere Blütenhonig wird zum größten Teil geschleudert und später mit dem Rapshonig gemischt. Nur ein kleiner Teil des Blütenhonigs wird zu Wabenhonig weiterverarbeitet.

Wichtigstes Produkt der „Chain Bridge Honey Farm" ist der Heidehonig. Der überwiegende Teil wird als Scheibenhonig verkauft. Dafür muss die Wabe per Hand mit dem Messer aus- und auf die Größe der Verpackung zugeschnitten werden. Die Reststücke der Wabe werden zerkleinert und der Honig durch eine Hochgeschwindigkeitszentrifuge vom Wachs getrennt.

Auf seinem weiteren Weg durchläuft der gesamte Honig die üblichen Verarbeitungsprozesse: Der frische Honig in den Honigbehältern wird in Wärmeschränken erwärmt, um dann mit Hilfe eines feinen Siebes die feinen Wachsteilchen zu entfernen. Am Ende des Verarbeitungsprozesses wird dem frischen Honig feincremiger Honig untergerührt (sog. „Impfen"), um so einen fein kristallisierten Honig zu erhalten. In großen, 750 kg fassenden Lagergefäßen wird der Honig kühl, trocken und dunkel gelagert. Vor der endgültigen Abfüllung gelangen die Lagergefäße in Wärmeschränke, werden dann an die Abfüllmaschine angeschlossen und der Honig wird automatisch in Gläser gefüllt. Für Besucher und Kunden steht ein informativer Verkaufsraum zur Verfügung in dem nicht nur ein Teil des Honigs sondern auch andere Bienenprodukte aus eigener Herstellung wie Kosmetik, Seifen und Kerzen verkauft werden. Des Weiteren können jedes Jahr viele Tonnen Bienenwachs gewonnen werden. Der Großteil des Honigs wird in lokalen Geschäften, Touristenzentren, Gartencentern oder über den Versandhandel verkauft.

Der Imkerei und der Familie Robson wünsche ich weiterhin eine widerstandsfähige Biene, volle Honigräume und die Fähigkeit auf Probleme, die in diesem Beruf reichlich auftreten, mit praktikablen Lösungen zu reagieren und die Imkerei in die Zukunft zu führen.

Sabine Ommerborn, Februar 2014

Die „Chain Bridge" bei Horncliffe. Sie wurde 1820 fertiggestellt. Es war die erste Hängebrücke der Welt, die für den Autoverkehr freigegeben wurde.

Vorwort

Willie Robson und seine Familie hat Honigbienen auf der „Chain Bridge Honey Farm", in der Nähe von Berwick-on-Tweed über drei Generationen gehalten. „Betrachtungen zur Bienenhaltung" ist das Resultat vieler Jahre des Lernens und der Beobachtung. Gleichzeitig enthält es den erworbenen Erfahrungsschatz durch die Bearbeitung von bis zu 1800 Bienenvölkern mit der einheimischen Biene aus dem Nordosten Englands und dem Süden Schottlands. Während die Grenzregion große Gebiete unvergleichlicher Schönheit und breite Bereiche mit Trachtpflanzen aufweist, sind die wilden, offenen Heidemoore - wo die Imkerei viele ihrer Wanderstände hat - Gegenstand harter Wetterbedingungen. Dies erfordert eine Widerstandskraft sowohl der Bienen als auch des Imkers, soll die kommerzielle Honiggewinnung erfolgreich sein.

Der Erfolg wurde über viele Jahrzehnte erreicht, abhängig von der Betriebsweise, die sich in Chainbridge bewährt hat. Dazu gehört, vor allem in den letzten Jahren, die Bereitschaft der Familie sich anzupassen und beim Auftreten von Problemen in der Imkerei Veränderungen durchzuführen. Der Autor hofft, dass die Gedanken in diesem Buch den Hobbyimkern und Anfängern die Gelegenheit geben werden die verschiedenen Aspekte der Imkerei zu erlernen. Den erfahreneren Imkern sollen so einige Ideen vermittelt werden, die sie vorher nicht in Betracht gezogen hätten.

In diesem Buch berichtet Willie über seine langjährige praktische Erfahrung, die möglicherweise auch Wissenschaftlern und Menschen, die Interesse an der Natur und den Traditionen des Landlebens haben, einen Einblick in das Leben der Honigbienen und der Imkerei ermöglicht.

Wie mit vielen Büchern zum Thema Bienenhaltung, bleibt viel Raum um zwischen den Zeilen zu lesen und der Leser wird ermutigt seine eigenen Schlüsse durch weitere Beobachtung zu ziehen.

Das Buch ist mit vielen Bildern ausgestattet, um Imker zu einem freundschaftlichen Umgang mit den Bienen zu ermutigen. Bei näherer Betrachtung der Artikel wird der Imker bemerken, dass die Bienenhaltung eine Sache wohl überlegter Beurteilung ist und es ein großer Fehler ist, menschliche Vorstellungen und Ansprüche auf Honigbienen zu übertragen.

Die „Chain Bridge Honey Farm" verkauft eine breite Palette an Bienenprodukten, unter anderem in den Geschäftsräumen ihres Besucherzentrums. Allerdings stehen Bienen und Königinnen nicht zum Verkauf.

Eine persönliche Anmerkung sei erlaubt, ich erinnere mich mit großer Freude an die beiden Besuche bei der Chainbridge. Bei der ersten Gelegenheit, nachdem ich die wunderschöne Brücke bei Horncliffe überquert hatte, entdeckte ich bald die Imkerei. Dort fand ich Gelegenheit Selby und Willie zu treffen, die ich beide vor ihrem Bienenhaus in der Größe eines Puppenhauses fotografieren konnte. Ich selbst imkere in Smith-Beuten und so war ich erfreut die Imkerei vollkommen mit diesem Beutentyp ausgerüstet zu sehen. Das ist nicht weiter überraschend, wusste ich doch um die enge Freundschaft zwischen den Familien Smith und Robson. Einige Jahre später weckte das Besucherzentrum mein Interesse - es war nicht nur die Fülle an Informationen und die Ausstellung zum Thema Honigbiene (Zusammengetragen von Ann Middleditch, die auch das Glossar in diesem Buch geschrieben hat), sondern auch das sehr interessante Archivmaterial aus dem Grenzgebiet. Die Herzlichkeit einer Freundschaft und die Einfachheit waren bei beiden Gelegenheiten spürbar. Und es war angenehm sich mitten unter zähen Menschen aus diesem nördlichen Landesteil aufzuhalten, die ihren Lebensunterhalt mit den Bienen bestreiten und dies meist nicht unter idealen Bedingungen.

John Phipps
Griechenland, Mai 2011

Das Besucherzentrum der „Chain Bridge Honey Farm" bietet Honig und andere Bienenprodukte aus eigener Herstellung zum Verkauf an. Man findet viele Ausstellungsstücke zum Thema der Imkerei und dem Leben in „Northumbrian". Diese geben dem Besucher einen Einblick in das harte Leben eines Berufsimkers und der Landbevölkerung, die trotz rauen Klimas in den Heidemooren ihren Lebensunterhalt verdienen.

Ein britischer ERF-Lastkraftwagen, der bis zur letzten Radmutter auf der Chain Bridge Honey Farm erneuert wurde

Das Besucherzentrum der Chain Bridge Honey Farm

*Abgepackter Wabenhonig für den Verkauf bei „Melrose Tea and Coffee",
Princes Street, Edinburgh. Ein Kunstwerk sowohl von den Bienen als
auch von der Verpackerin (Willie's Mutter Florence Robson).*

Der belgische Strohkorb aus Binsen steht im Besucherzentrum.

Willie und Daphne Robson mit einem neuen Ibex, speziell für die Imkerei angefertigt.

*Bruder Adam von Buckfast Abbey, hier fotografiert mit Willie, als er
die Chain Bridge Honey Farm besuchte, um einen Blick auf die Bienen
in den Heidemooren in Northumberland zu werfen.*

Inhalt

Einführung

Dieses Buch mit verschiedenen Artikeln über die Bienenhaltung wurde auf Anfragen von Journalisten, Imkern und der Allgemeinheit verfasst. Es basiert sowohl auf meiner 50 jährigen praktischen Erfahrung als Berufsimker, als auch auf dem Wissen, das ich durch meinen Vater, W.S. Robson Sen., erlangen konnte. Er studierte das Fach Bienenhaltung, machte dies zum Beruf und unterrichtete.

In diesem Buch werden Anschauungen vertreten, die nicht unbedingt mit anderen Beiträgen und Lehrmeinungen über Bienenhaltung übereinstimmen müssen. Ebenso behaupten wir, dass wir auf der „Chain Bridge Honey Farm" immer so kompetent arbeiten wie wir können. Es gibt immer Raum für Neuerungen. Nichtsdestotrotz muss der Leser seine Vorstellungskraft und den Querverweis zu den unterschiedlichen Kapiteln des Buches nutzen, um wiederkehrende Themen aufzugreifen. Das Handwerk der Bienenhaltung ist erheblich kompliziert und ausführliche Diskussionen zu diesem Thema könnten viel mehr Seiten in diesem Buch füllen. Der Leser muss ebenso verstehen, dass ich niemanden angreifen möchte, wenn ich Kritik übe. Ich habe diese Artikel geschrieben, weil mir dieser Beruf am Herzen liegt. Und man wird sehen, dass viele Probleme die wir heute haben, auch schon früher aufgetreten sind.

Viele meiner Schlussfolgerungen waren schon vor hundert Jahren unter Imkern bekannt. Bedauerlicherweise ignorieren wir immer die hart erlernten Lektionen aus der Vergangenheit, gleichgültig um welches Fachgebiet es sich handelt. In den letzten fünfzig Jahren ist die Bienenhaltung mit zunehmender Agrarwirtschaft zurückgegangen. Will man vernünftig imkern, ist es wichtig einigermaßen professionell vorzugehen. Anfänger sollten sich einen erfahrenen und erfolgreichen Imker - Paten suchen und den alten Hasen über die Schulter schauen. Es war ein Rückschritt viele der bis etwa 1970 staatlich angestellten Bienenfachberater zu entlassen, denn sie waren das Bindeglied zwischen dem Wissen von gestern und dem Fortbestand des Handwerks bis heute.

Willie Robson, Horncliffe, Juni 2011

Nachtrag zur Einführung

Es sollte erwähnt werden, dass in diesem Buch über Bienen gesprochen wird, die keinen ihrer Instinkte verloren haben. Bienen, die züchterisch bearbeitet wurden, werden bald einige ihrer Instinkte verlieren und sich anders verhalten. Das bedeutet auch, dass die „Dunkle Biene" weder stech – noch schwarmlustig ist, wenn sie ordentlich betreut wird. In der Imkerei „Chain Bridge Honey Farm" verlassen wir uns nicht auf Königinnenzüchter um unsere Bienen zu verbessern. Ebenso ermöglichen wir es keinem Großhandel oder Supermarkt Einfluss auf die Vermarktung unserer Produkte zu nehmen. Diese beiden Faktoren sind besonders wichtig, um unseren Betrieb dauerhaft in die Zukunft zu führen.

Willie Robson, Horncliffe, Oktober 2015

Probleme der Bienenhaltung

Die Bienenhaltung in Northumbrian hat schwierige Zeiten hinter sich. Es waren zum einen verregnete Sommer, die zu einer Mangelernährung der Bienen führten und zum anderen die Einschleppung der Varroamilbe, die bis heute bedingt kontrollierbar ist.

Colony Collapse Disorder - Bienensterben

Colony Collapse Disorder (CCD) tritt nicht im Norden von England oder in Schottland auf. Sie ist aber in Amerika weit verbreitet, wo die Honigbiene unter einem hohen kommerziellen Druck steht. Die aktuellen Ursachen für CCD sind schwierig festzustellen, aber meine lebenslange Erfahrung sagt mir, das die Bienen ihren Willen verloren haben in einer sozialen Gemeinschaft zu leben. Dies dürfte durch viele Ursachen begründet sein. Dem schon ums Überleben kämpfende Bienenvolk wird offenbar durch die schlechten Witterungsbedingungen der Rest gegeben und es bricht dann während des Winters zusammen.

Kontinuierliche Linienzucht schwächt die Bienen offensichtlich (wie es bei allen Tieren der Fall ist) genauso wie andere Stressfaktoren. Dazu zählen ungeeigneter Transport beim Wandern, die Präsenz schädlicher Chemikalien im Ökosystem, eine immense kommerzielle Ausbeutung um höhere Honigernten zu erzielen und natürlich Seuchen und Krankheiten. Für mich sieht all dies sehr einfach aus. Für diejenigen, die sich für Experten halten, ist CCD immer noch ein Rätsel, das zu lösen einen großen Forschungsaufwand erfordert. Es wurden große Anstrengungen unternommen zweifelsfreie Beweise für die Ursachen zu finden. Tatsächlich liegt die wirkliche Ursache **zum größten Teil in schlechter Bearbeitung, die für den Imker oft bequem ist, aber den Bienen in keiner Weise dient. Honigbienen sind keine Maschinen.**

Ebenso muss ich feststellen, dass viele Berufsimker weltweit niedrige Preise für ihren Honig hinnehmen müssen. Die Imker werden zu verzweifelten Maßnahmen gezwungen, um ihren Lebensunterhalt zu bestreiten und demzufolge werden die Bienen an ihre Grenzen gebracht, wie überall in der Tierhaltung.

Willie beim Einschlagen eines Schwarms in die Beute

Varroose

Zur Zeit ist die wichtigste Maßnahme gegen die **Varroamilbe** nie eine Behandlung auszulassen. In dem Moment, in dem die Varroamilbe die Überhand im Bienenvolk gewinnt wird es schwierig die Situation zu retten. Ein weiteres Problem ist die große Anzahl an Bienenimporten aus Südeuropa oder anderen Ländern nach Großbritannien. Vor allem deshalb, weil diese Bienen immer anfällig für Krankheiten sind. Gleichermaßen macht der schwankende Befallsgrad mit Varroamilben die einheimischen Bienen anfällig für Krankheiten, gegen die sie normalerweise resistent wären. Die Probleme sind somit sehr komplex.

VARROOSE - Bienenmade mit Varroamilbe, die aus der Wabe entfernt wurde

Nosemose

Nosemose (auch Nosematose) ist schwierig zu kontrollieren und ist seit dem 2. Weltkrieg ein Problem in Großbritannien. Nosemose hat viele Ursachen, allerdings lassen sich einige davon nur schwer ermitteln. Bienen nehmen die Ängstlichkeit und die Unfähigkeit eines Imkers wahr und reagieren mit Stichattacken und Gereiztheit. Imker reagieren, indem sie versuchen die Bienen mit mehr Rauch zu bändigen. Diese Art von Konfrontation führt zu steigender Anfälligkeit für Nosemose. Andere Ursachen sind: schlechte Bedingungen während des Transportes (vor allem bei schlechten Stoßdämpfern des Transporters), schlechte Standplätze (z.B. Feuchtigkeit, Sonneneinstrahlung, Höhenlage), sowie lange Zeiträume mit ungünstiger Witterung. Die Verbesserung von (Wärme-)Schutzmaßnahmen kann helfen. Das Zerquetschen von Bienen beim Aufsetzen von Honigräumen und jeder weitere Stress bei den Bienen führt mit großer Wahrscheinlichkeit zum Ausbruch der Nosemose im Volk. Nosemose wird oft für Probleme mit Völkern ohne Resistenzen gegen diese Krankheit verantwortlich gemacht, obwohl diese in keinem Zusammenhang damit stehen. Damit bleiben die Ursachen unentdeckt.

Mein Vater warnte immer davor, die Bienen „auszuräuchern" (scumfishing), also sie mit zu viel Rauch zu bearbeiten (scumfish ist eine Verfälschung des Wortes „Unbehagen"). Das Wort „scumfish" wurde verwendet, als Kleinbauern und Pächter während der Räumung des schottischen Hochlandes ab 1850 ihre Häuser zwangsweise verlassen mussten. Seitdem ist dieser Begriff im schottischen Vokabular verblieben und wurde danach von Imkern benutzt.

Lage des Bienenstandes

Gute Bienenstände entscheiden über den Erfolg eines Imkereibetriebes. Bienen müssen im Sommer wie im Winter vor dem vorherrschenden Wind geschützt werden. Im Winter sollten die Beuten an den kurzen Tagen zwischen zwölf Uhr Mittag und zwei Uhr nachmittags von der Sonne beschienen werden, ohne das Bäume oder Büsche stören. Die Bienen sollten zumindest einmal im Monat fliegen können was ihrer Verfassung zugutekommt. Honigbienen überwintern schlecht, wenn sie ständig von Nutztieren (Schafe) gestört werden. Ebenso wenig mögen sie Vibrationen durch ständigen Autoverkehr. **Bienen in einem Gebiet mit stehender Luft zu überwintern führt meist zu deren Tod.** So verhält es sich auch mit einer Rinderherde auf einer ungeschützten Weide, auf der sie sich nicht gerne aufhält. Entweder werden sie den besten geschützten Platz auf der Weide finden oder sie brechen aus.

Bienenbeuten dagegen müssen dort stehen bleiben wo sie sein Besitzer hingestellt hat. Man weiß, dass Völker der nordischen Dunklen Biene, stehen sie im Mai und Juni in voller Sonne, zum plötzlichen Schwärmen neigen, wenn sie die Brutnesttemperatur nicht mehr kontrollieren können. Vor allem dann, wenn sie auf Pflastersteinen in einem ummauerten Garten stehen.

Von besonderer Wichtigkeit ist ein gutes, ganzjähriges Pollenangebot für die Völker. Die Bienen verschleißen sich im Frühjahr wenn sie große Distanzen bei der Suche nach Pollen zurücklegen müssen. Dieses Phänomen wird durch milde Winter und darauf folgende kalte Frühjahre verstärkt. Der Mangel an besonderem Pollen zusammen mit anfälligen Bienen mag die Ursache für Europäische Faulbrut sein. Sie ist ein Problem in ganz Großbritannien.

Damit das Volk gut überwintert, brauchen die Bienen eine Tracht spät im August oder September um so gesunde junge Winterbienen zu erbrüten. Andernfalls wird das Volk im Frühjahr schrumpfen. Gute Bedingungen in der Heidetracht sind in dem Fall hilfreich, schlechte Bedingungen führen immer zu Problemen (Höhenlage).

Wenn ein Bienenvolk während des Monats Juli auf Grund von scheußlichem Wetter und der Gefahr zu verhungern aufhört junge Bienen (Winterbienen) aufzuziehen, wird es sehr große Schwierigkeiten haben den kommenden Winter zu überstehen. Denn die Bienen haben damit das falsche Alter, um ihre Volksstärke wiederherzustellen und einen Neuanfang zu starten. Das ist ein natürlicher Prozess. Der Imker kann nichts anderes tun als Ableger in Styroporbeuten zu erstellen, um die Anzahl der Bienenvölker im nächsten Frühling auszugleichen.

Imker sollten sich bewusst sein, das mangelhaft aufgezogene Winterbienen der Grund für die Völkerverluste ist. Es hat nichts mit dem Imker selbst, der Varroamilbe oder mit Pestiziden zu tun. Genau genommen wird die Varroamilbe unter diesen Umständen auch vernichtet. Für unerfahrene Imker ist es oft schwierig den genauen Grund für Völkerverluste zu bestimmen. Natürlich muss auch ich darüber nachdenken. Völkerverluste verursachen viel Angst und Kummer unter den Imkern, weil sie an ihren Bienen hängen und die Schuld wird oft dem Falschen gegeben.

Ein recht einfacher Weg Bienenvölker zu überwintern, ist das Aufsetzen eines mit Honigwaben gefüllten Honigraumes auf den Brutraum. Somit fühlen sich die Bienen gut versorgt. Das Einlegen eines Absperrgitters unterhalb des Honigraumes ist nicht sinnvoll, da die Königin bei sehr kaltem Wetter im Brutraum zurückgelassen wird wenn die Bienen dem Futter folgen müssen.

Wenn die Anzahl der Bienenvölker pro Bienenstand zu hoch ist, kann das Verfliegen ein Problem während des ganzen Jahres sein. Bienen können sich in der Heide um eine Meile (etwa 1600 m) verfliegen. Zu übermäßigem Verflug kommt es, wenn Bienen im späten Frühjahr eine Tracht bei kühlem Wetter haben. Die Völker, deren Bienen abfliegen, verlieren den Mut und verlassen die Beute, ausgenommen der Königin. Damit ist ein solches Volk oft verloren.

POLLEN – geschützte Standplätze ermöglichen es den Bienen an kühlen Frühlingstagen auszufliegen, um Pollen zu sammeln

Die Bedeutung geeigneter Standplätze

2011 war das fünfte schwierige Jahr in Folge für die Imker in Nordengland und Schottland. Die Bienenvölker entwickelten sich nach einem schwierigen Winter und dem darauffolgenden Einsetzen eines warmen Frühlings prächtig. Danach verschlechterte sich das Wetter und es regnete nahezu jeden Tag. Der Zustand der Völker verschlechterte sich, vor allem, wenn nur ein unzureichender natürlicher Schutz gegeben war. Dies findet man häufig bei nach Norden geneigten Feldern oder fehlenden Hecken. Waren die Beuten in geschützten Standorten aufgestellt, konnten sie den Widrigkeiten standhalten.

Wir haben einige dauerhafte Standplätze in der Nähe der Heide, wo die Bienen recht zuverlässig in gutem Zustand überwintern und selbst im schlimmsten verregneten Sommer noch eine Honigernte einbringen. Diese Standplätze sind selbstverständlich zum Süden hin ausgerichtet und liegen vor hohen Bäumen, so dass eine ständige Luftbewegung hinter den Beuten herrscht. Damit sind die Beuten im Winter knochentrocken und im Sommer immer gut belüftet. Wenn die Sonne am höchsten steht, sind die Beuten zudem durch die hohen Bäume beschattet. Der Schwarmtrieb bildet sich bei diesen Völkern nur zögernd aus. Auf solchen Standplätzen stellen wir nur sechs Völker auf, so dass es selten zu einer Mangelernährung der Bienen kommt. Zudem ist für die älteren Sammelbienen ein ausreichendes Trachtangebot vorhanden. Dies führt ebenso zur Verringerung des Schwarmtriebes.

Von anderen Imkern höre ich öfter, dass sie einen Honigraum mit Mittelwänden auf die Völker setzen, um die Bienen zu beschäftigen. Aber es ist das Vorhandensein einer anhaltenden Tracht, die sie arbeiten lässt. Und die beste Gewähr dafür sind niedrige Völkerzahlen auf einem Standplatz. Zudem ist das eine gute Vorbeuge gegen Krankheiten. Berufsimker können dies nicht umsetzen, da sie mit großenVölkerzahlen zu Standplätzen in Monokulturen wandern müssen. Diese Vorgehensweise führt zwangsläufig zu Mängeln in der Pollenvielfalt. Sind die Bienen nicht immun gegen einseitige Mangelernährung - was sie meistens nicht sind - führt dies zu Brutkrankheiten. Dies ist ein weltweites Problem, speziell in Amerika, wo Berufsimker eine immense Anzahl an Bienenvölkern zur Bestäubung in die Mandelblüte bringen.

Vor vielen Jahren fragte mich eine Frau, ob ich ihr ein Bienenvolk verkaufen würde. Normalerweise verkaufen wir keine Völker, aber ich wollte ihr eines als Leihgabe aufstellen - obwohl ich mir die Frau nicht als Imkerin vorstellen konnte. Das Volk stammte von einem dauerhaften Standplatz mit zwanzig Völkern in der Nähe der Heide, der nicht wirklich erfolgreich war. Es war also kein großer Verlust - so dachte ich.

Wir mussten aber bald erkennen, dass dieses Volk keineswegs schlecht war. Aufgestellt für sich alleine, wurde eine enorme Volksstärke erreicht. Die Bienen füllten mehrere Honigräume und trotz des ummauerten Gartens schwärmten sie nicht. Wir vermuteten erst, die genetische Veranlagung sei Schuld an unseren oben beschriebenen

Schwierigkeiten. Aber es erwies sich als richtig, dass Bienen besser zurechtkommen, wenn sie alleine oder zumindest in geringer Anzahl am gleichen Standort stehen. Das anfängliche Problem (hohe Völkerzahl an einem Standort) wurde durch Verfliegen, unzureichende Ernährung und Mangel an speziellen Nährstoffen ausgelöst. Wird die Völkerzahl auf sechs reduziert, verringern sich oben genannte Probleme, sind damit aber nicht verschwunden. Diese Probleme treten auch nicht in Städten auf, da das Nektar - und Pollenangebot sehr vielfältig ist. Deshalb versuchen wir, unsere Völker in oder in der Nähe von Dörfern zu überwintern, da dort eine große Vielfalt an Gartenpflanzen blüht. Jedoch ist die Umweltverschmutzung in Ballungsräumen die Schattenseite.

In einem ummauerten Garten, der sehr verwildert und feucht war, standen ein oder zwei Völker unter einem Spalierbaum (Apfelbaum). In der Zeit als der Baum kein Laub trug und die Sonne ihren tiefsten Stand hatte, erreichten die Sonnenstrahlen die Beutenfront. Mit fortschreitender Jahreszeit und mit Ausschlagen der Blätter senkten sich die Äste über die Beuten, so dass sie beschattet waren. Die Völker schwärmten noch nicht einmal als sie unter Platzmangel litten. Damit sind Beschattung und Belüftung wichtige Faktoren bei der Lenkung des Schwarmtriebes. Dieses Phänomen ist allgemein in der Welt der Imker bekannt.

Ein anderer Überwinterungsplatz, ebenfalls nahe der Heide, liegt auf einem stillgelegten Rinderzuchtbetrieb. Wir hatten eigentlich die Absicht, die Völker dort ganzjährig stehen zu lassen, da sie dort sehr geschützt und warm stehen. Allerdings bereiten diese Bienen jedes Jahr entweder das Schwärmen vor, schwärmen tatsächlich oder erholen sich vom Schwärmen und haben folglich auch keinen Honig eingetragen. Um der Sache die Spitze aufzusetzen, war ein Drittel der abgeschwärmten Völker weisellos, da die Königinnen wegen anhaltend nassem Wetter nicht begattet werden konnten.

Während ich diese Ausführungen im Winter 2012/2013 vervollständige, hatten wir eine noch schlechtere Saison als 2012 (2011/2012) hinzunehmen, mit acht Monate anhaltendem Regen. Wir ernteten nur eine geringe Menge Honig - etwa ein Drittel unserer Erwartungen - und das auch nur weil die Bienenvölker über ein großes Gebiet verstreut aufgestellt waren. Aber schließlich ist die Imkerei immer ein riskanter Beruf gewesen. Es ist nicht möglich imaginären Honig zu verkaufen. Nachdem wir 1985 keinen Honig geerntet hatten, meinte mein Vater: „Du wirst kein richtiger Imker sein, wenn du nicht durch alle Höhen und Tiefen der Imkerei gegangen bist." Er erzählte manchmal von R.O.B. Manley, der in den 1930iger Jahren achtzehn Monate ohne Einkommen aus seiner Berufsimkerei überleben musste.

Der „Carry over" - Effekt

Ich habe von diesem Problem (Carry over) schon seit mehr als zehn Jahren in vielen Gebieten Englands gehört. Betrachtet man die gegenwärtige Situation in Schottland, so würde ich sagen, der allgemein bekannte Faktor war und ist die Präsenz der Varroamilbe. Diese ist immer schwerer zu bekämpfen. Hinzu kommt noch anhaltend schlechtes Wetter und eine große Anzahl von Bienenvölkern in einer Region, sowie Importbienen als Ersatz für eingegangene Völker.

Ich vermute, dass eine ähnliche Situation im übrigen Europa anzutreffen ist, allerdings mit besseren Witterungsbedingungen. Vor fünfzig Jahren gab es im Osten von Schottland noch viel mehr Bienenvölker. Sie waren gleichmäßiger verstreut, kleinere, aber sparsamere Völker und umgeben von einer reichhaltigen Landschaft. Die Bienen konnten sehr produktiv sein und hatten einen wertvollen Anteil an der ländlichen Wirtschaft.

Bienen, wie jede andere Tierart, die ganzjährig draußen lebt, leiden unter dem „Carry Over Effekt". Das heißt, dass Zeiträume mit schlechtem Wetter, verbunden mit Mangelernährung ein oder zwei Jahre später noch Problemen verursachen können. Wir hatten erst kürzlich drei schwierige Sommer und zwei schlechte Winter. Hunderte unserer Völker sind im Mai 2010 in der Entwicklung stehen geblieben, trotz herrlichen Wetters. Das ist „Carry Over".

Die Styroporbeute ist die moderne Verteidigung gegen den „Carry Over" - Effekt. Früher hatten wir Baumstämme (Klotzbeuten) und doppelwandige Beuten. Weniger als ein Zoll (2,54 cm) Holz bietet nur ein wenig Schutz gegen das Wetter.

Doppelwandige Beuten ließen die Bienen im Winter an sonnigen Tagen oft in der Beute bleiben, obwohl sie nach großem Frost und Schnee eigentlich fliegen sollten. Die Sonnenstrahlen vermochten nicht ins Innere der Beute durchzudringen. Dies kann verheerende Folgen haben, wenn die Bienen ihren Darm dann in der Beute entleeren.

Ruhr

Ich kann mich an Schwierigkeiten mit Ruhr im Winter 1962/63 erinnern. Grund für den Ausbruch der Ruhr war, dass die Bienen über Monate nicht fliegen konnten. Seitdem hatten wir keine Sorge mehr wegen Krankheiten in unseren Völkern. Sogar im Winter 1985/86 überwinterten die meisten von ihnen in einem geschwächten Zustand. Ich schätze, dass 75% der Völker in Schottland auf Grund von Nosemose starben. Trotz zwei weiterer verheerender Sommer erholten sich die Bienen in Schottland bis 1990 sehr schnell, als sei nie etwas gewesen. Jetzt, mit der kontinuierlichen Präsenz von Varroamilben, habe ich nicht die gleiche Zuversicht, dass unsere Bienen in der Lage sind zukünftigen Auswirkungen schlechter Wetterbedingungen zu widerstehen.

MANDELBESTÄUBUNG – Bienenvölker, die nur Zugang zu Pollen einer
Blütenpflanze haben, entwickeln sich schlecht. Die Bienen benötigen ein weites
Spektrum an Pollen, um eine gesunde Ernährung zu gewährleisten. In Kalifornien
wurde die ursprüngliche Pflanzenwelt zugunsten der Mandelplantagen beseitigt.

WBC-BEUTE – nicht so gut wie man annahm. Die doppelwandigen Beuten isolierten so gut, dass die wärmenden Sonnenstrahlen im zeitigen Frühjahr nicht bis zu den Bienen vordrangen, während das bei einfachwandigen Beuten der Fall ist.

Formen der Faulbrut

Ein weiteres Problem in der schottischen Imkerei ist die Europäische Faulbrut (EFB), deren Ursachen in schlechter Ernährung und der Genetik zu suchen sind (Anfälligkeit!). Dies kann sehr einfach durch einen guten Sommer ausgeglichen werden, aber das genetische Problem - im Sinne von Veranlagung - bleibt. Wer auch immer die ursprünglichen Bienen „verbessert" hat, verursacht den Verlust ihrer Resistenz gegenüber EFB, Nosemose oder anderen Krankheiten. Diese verloren gegangene Resistenz verbreitet sich über die Drohnen auf eine ganze lokale Population. EFB war praktisch während meines ganzen Lebens in Nordengland und Schottland unbekannt, obwohl sie endemisch ist. Ich habe Berichte über Amerikanische Faulbrut (AFB) gelesen und ich bin sicher, dass, wo EFB auftaucht AFB nicht weit entfernt ist.

Ich ziehe in Erwägung, dass die Bienen auch gegen AFB resistent werden können, betrachtet man die große Menge an ausländischem Honig, der in Glascontainern landet. Eine Müslifabrik hier in der Nähe hatte über Jahre Fässer mit ausländischem Honig offen stehen lassen und letztendlich konnte keine AFB in den lokalen Völkern gefunden werden. Es ist eine natürliche Resistenz entstanden, eher durch glücklichen Zufall als durch Absicht. Der größte Ausbruch an AFB wurde in der Nähe von Honigabfüllanlagen festgestellt, deren Eigentümer selber Bienen hielten und diese mit ausländischem Honig fütterten. Mir ist zu Ohren gekommen, dass dies auch heute noch so praktiziert wird.

Mein Vater betreute tausende Bienenvölker im schottischen Grenzgebiet (in den „Scottish Borders") und fand nur selten Völker mit AFB oder nur einen infizierten Ableger, der weiter aus dem Süden Englands stammte. Diese Völker wurden immer behandelt und über drei Jahre routinemäßig kontrolliert, ohne dass die Krankheit wieder auftrat. Bob Couston, ein Freund meines Vaters und ebenso Bienenfachberater, hatte weitaus mehr Probleme mit AFB in Perthshire, wo Bienen gefunden wurden, die mit der Krankheit zurechtkamen. Die Völker waren die meiste Zeit resistent. Obwohl ich von einem Zeitpunkt vor dreißig Jahren spreche, würde ich mich nicht wundern, wenn die gegenwärtige AFB von denselben Völkern stammen würde. Aber das nachzuweisen grenzt an Unmöglichkeit. Ich bin gespannt was passiert, wenn wilde Völker auch mit AFB befallen sind, ehe die Varroamilbe die meisten von ihnen getötet hat. Sie wären eine anhaltende Quelle für Reinfektion, da Räuberei unter der Honigbiene sehr verbreitet ist. Ich glaube, dass Honigbienen Infektionen widerstehen können, wenn sie in außerordentlich gutem Zustand und genetisch robust sind. Für Hunde mit Stammbaum zum Beispiel gilt genau das Gegenteil.

Dort wo AFB auftaucht, muss offensichtlich zu drastischen Maßnahmen gegriffen werden. Wie auch immer, ein Bienenvolk mit EFB zu verbrennen erscheint mir, als würde man mit Kanonen auf Spatzen schießen. Ebenso wenig wird das Problem mit einer medikamentösen Behandlung gelöst. Sie auf neue Waben zu setzen ist eine gute

Idee. Zudem kann damit bis zu einem gewissen Grad die Nosemose unter Kontrolle gehalten werden. Die Brut zu vernichten erscheint mir eine etwas drastische Maßnahme.

Ich würde einen Flugling bilden, die Königin auf neue Waben setzen und die Brut mit jungen Bienen zu einem neuen Standplatz bringen. Dieser Ableger kann sich eine neue Königin ziehen oder noch besser, er bekommt eine Königinnenzelle aus einem Volk mit lokalen Bienen. Es kann sein, das der Königinnentausch genügt (Genetik). Danach muss der Druck auf das Bienenvolk reduziert werden. Dafür müssen bessere Standplätze zur Aufstellung mit einer geringen Anzahl an Bienenvölkern gefunden werden. Vorzuziehen sind zwölf Völker pro Standplatz, unterteilt in zwei Gruppen (wieder gute Ernährung durch reichliches Trachtangebot!).

Dies ist alles einfacher gesagt als getan, aber es muss gemacht werden. Bienen werden grundsätzlich selber mit solchen Schwierigkeiten fertig, wird ihnen Zeit und Rücksicht entgegengebracht. Gute Standplätze sind von höchster Wichtigkeit. Vor etwa zwanzig Jahren gab es einen EFB-Ausbruch in Schottland, der größtenteils unbemerkt verlief. Vor allem in Völkern, die auf eine große Volksstärke hin selektiert worden waren, trat die Krankheit auf. Als für diese starken Völker nicht mehr ausreichend Tracht zur Verfügung stand, um alle Bienen zu ernähren, zeigten sich die ersten Schwierigkeiten. Abhilfe konnte die Einweiselung einer nicht verwandten Königin in jedes Volk schaffen. Das Problem ging zurück und verschwand schließlich.

Der verstorbene Imker Tom Bradford beklagte sich in den späten 1960iger Jahren über EFB in Worcestershire. Jahre später erzählte mir ein Bienensachverständiger von großen Völkern in einer Obstplantage mit drei vollen Honigräumen, die eine heftige EFB-Infektion hatten. Die Bienen hatten ein großflächiges Brutnest angelegt, da gute Trachtverhältnisse herrschten. Doch für die große Menge an junger Brut reichte der gesammelte Pollen (Proteine) nicht mehr aus. Änderte sich dann noch das Wetter, so dass der Boden austrocknete und die Pflanzen die Nektar – und Pollenproduktion reduzierten, führt das zum Versiegen der Tracht. Infolgedessen sehen sich gut entwickelnde Völker mit einer fruchtbaren Königin mit einer unzureichenden Versorgung mit Proteinen in Form von Pollen für die junge Brut konfrontiert. Tom meinte: Ist ein Volk im Mai stark genug um einen Honigraum mit Honig zu füllen, ist es im Juni auch stark genug alles wieder zu verbrauchen. Das gleiche gilt für Pollen, insbesondere wenn ein Mangel an speziellem Pollen auftritt. Wir sprechen hier von Spurenelementen, die für das Wachstum tausender junger Larven notwendig sind. Unsere eigenen Bienenvölker legen oft eine Brutpause während des Sommers ein. Das ist vielleicht das Sicherheitsventil, wer weiß.

Erntet man allen Rapshonig ehe er in den Waben kristallisiert, ist das ein großer Eingriff in das Wohlbefinden eines Bienenvolkes. Dieser würde nicht auftreten, wenn die Ernte erst gegen Ende der Saison erfolgen würde. Die Bienen sind auf einen Teil des Honigs angewiesen, um das Ausweiten ihrer Volksstärke auch bei Einsetzen von schlechtem Wetter fortzuführen. Überträgt man diesen Sachverhalt auf dreißig Völker auf einem Standplatz, kommt er zur Eskalation der Situation: Entweder verhungern die Völker oder sie infizieren sich mit EFB.

Da wir Anfangsstreifen in den Honigraumrähmchen verwenden, ermöglichen wir den Bienen die Honigwaben wild auszubauen. Der eingetragene Honig kann nun so lange auf den Völkern bleiben wie es nötig ist, manchmal bis zum Ende der Saison, wie in 2007. Die Völker leiden keinen Hunger und das Resultat ist eine großartige Honigernte. Im Jahr 2007 honigte die Besenheide (Calluna vulgaris) in der letzten Augustwoche reichlich.

Für die Bienen ist es überaus wichtig im Mai und Juni neue Waben zu bauen. Nach einem langen, nicht enden wollendem Winter steigert dieses ihre Leistungsbereitschaft. Ebenso schaden auch ein paar abgehende Schwärme nicht. Dies zusammen mit dem Wabenbau sind die Höhepunkte im Bienenjahr. Es ist wichtig für die Bienen und es steigert ihre Leistungsbereitschaft ungemein. Ich erinnere mich an die Nachschau eines Bienenvolkes, dessen Besitzer sich nicht jeden Tag um seine Bienen kümmern konnte und deshalb jedes Jahr komplexe Schwarmverhinderungsmaßnahmen durchführte. Diese wirkten gut genug, aber die Bienen verloren dadurch ihre Vitalität und erkrankten möglicherweise an Nosemose. Jede sich wiederholende Manipulation, wie die Neun-Tage- Kontrolle (zur Schwarmkontrolle) muss mit größter Vorsicht und minimalsten Störungen von statten gehen, sonst erkranken die Bienen an Nosemose. Übermäßige Manipulation ist die Hauptursache für das Sterben von Bienenvölkern, die von Imkervereinen für Imkerlehrgänge benutzt werden.

Brutwaben, die älter als fünf Jahre sind, tragen eine Altlast an Infektionen mit sich, die die Entwicklung eines Volkes im Frühjahr abschwächen kann. Es ist bekannt, dass Bienen ihren Stock mit ihren Mandibeln reinigen und so werden unterschiedliche Infektionsmengen von den Stockbienen aufgenommen. Geht es dem Bienenvolk gut, werden die Bienen mit den Problemen zurechtkommen. Ich habe so manches gute Bienenvolk mit fünfzig Jahre alten Waben gesehen. Stark verschmutzte Waben werden am besten beseitigt. Ein erstklassiger Schwarm wird einen schmutzigen Brutraum innerhalb einer Woche reinigen und neue Waben bauen, indem die Bienen die alten Waben bis zur Mittelwand abtragen und sie neu ausbauen. Die Krankheitserreger werden vollständig beseitigt und die Beute wird frei von Infektionen sein. So treffen die Bienen mit dem Bau neuer Waben Vorsorge.

Mit einem Kunstschwarm erzielt man gute Ergebnisse, aber diese Methode sollte nicht zu oft angewendet werden, da die Bienen sonst an Nosemose als Antwort auf die Störung erkranken. Bienen können auch auf neue Waben gesetzt werden, indem man eine neue Brutraumzarge mit ausgebauten Waben auf den Brutraum setzt, so dass die Königin nach oben gelangen kann (ohne Absperrgitter). Zehn Tage später kann die Königin durch wiederholte Rauchgabe alle fünf Minuten durch das Flugloch dazu gebracht

Willie beim Einlogieren eines auf Wildbau sitzenden Bienenvolkes

Willies Tochter Frances beim Zuschneiden des Scheibenhonigs

Stephen Robson in den Heidemooren, Gemeinde Wooler, Northumberland

werden in die obere Zarge zu laufen. Sie kann durch Einlegen eines Absperrgitters zwischen den beiden Zargen in der oberen eingeschlossen werden. Wichtig ist, ein Flugloch über die Breite der Beute oberhalb des Absperrgitters einzurichten. Dies kann durch Abstützen der Front durch zwei dünne Holzleisten erfolgen, so dass die Drohnen abfliegen können. Es wird das Volk ebenso vom Schwärmen abhalten. Diese Art zu imkern steht im Einklang mit dem Wesen der Bienen. Ein Kunstschwarm dagegen ist keine einwandfreie imkerliche Maßnahme und wäre nicht notwendig, wenn es keine grundlegenden Probleme in der Betriebsweise gäbe.

Chemikalien und die Honigbiene

Karbolineum, das Destillat aus Teer, wurde früher ausgiebig von Imkern angewendet, um Beuten und Gartenzäune jährlich damit zu streichen. Dies gab den Imkern ein Gefühl der Sicherheit und es schien die Bienen nicht zu stören. Aber die Ausdünstungen gelangten in den Honig. Honig nimmt Fremdgerüche an: verursacht durch Feuchtigkeit, Schimmel und so weiter. Ich konnte einen Blick auf eine große Menge Honigräume von einem befreundeten Imker aus Frankreich mit 3500 Völkern werfen. Sie waren in einem nicht geschlossenen Schuppen in einer leichten Bodensenke gelagert. Er erzählte mir von einem sehr feinen Schimmel auf den Waben, der den Akazienhonig verunreinigt hatte, in der Mischung mit aromatischeren Honigen aber nicht mehr zu schmecken war. Wollte er dies vermeiden, würde das viel Geld kosten. Dieses Problem ist aber sehr verbreitet.

Karbolineum wurde üblicherweise als Schutzanstrich für die Beuten verwendet – Jeff Rounce's Beuten auf seinem Bienenstand in Norfolk, wurden regelmäßig mit dieser Chemikalie behandelt. Und John Gleed aus Tain strich die Beuten sogar an kalten, aber trockenen Tagen, wenn die Bienen nicht flogen.

Wenn den Bienen der Rohstoff für Propolis (Harz) fehlt, sammeln sie Farbe, die noch feucht und klebrig ist.

Ich erinnere mich daran, dass ich meinen Vater zu Bienen begleitete, die ihre Beute mit roter Bitumenfarbe verklebt hatten. Selbst die Oberflächen der Rähmchen waren leicht pink gefärbt und somit unbrauchbar. Die Bienen hatten die Farbe als Ersatzstoff für Propolis genutzt, was den gleichen Effekt wie dieses hatte. Honigbienen halten ihre Beute frei von Infektionskeimen, indem sie sie säubern und Propolis zur Desinfektion nutzen. In Anbetracht ihrer aktuellen Volksstärke und der Temperatur im Brutnest ist eine solche Desinfektion sinnvoll.

Ein Imker beklagte eines Tages, dass zwei Schwärme sofort gestorben waren, nachdem er sie in eine aus seinem Gartenhaus stammende Beute eingeschlagen hatte. Mein Vater schaute sich im Gartenhaus um und zeigte auf eine Dose im Regal. Die darin enthaltene Chemikalie war durch den Behälter in die Beute diffundiert und machte sie unbrauchbar. Eine ähnliche Situation trat bei einem Imker auf, der seine Beute im Schlafzimmer eines großen Hauses gelagert hatte, dessen Balken gegen den Holzwurm behandelt wurden. Die Bienen, die in diese Beute eingeschlagen wurden, starben alle.

Hoffentlich können wir bald organische Säuren zuverlässig zur Behandlung gegen die Varroamilbe einsetzen und damit einen weiteren großen Widerspruch in der weltweiten Imkerei aus dem Weg räumen. Haben wir doch viele Jahr darauf verwendet gegen die Chemieindustrie zu kämpfen und nun sind auch wir von ihr abhängig, damit unsere Bienen überleben. Mein Vater sagte: „ Gib niemals etwas in ein Bienenvolk was du nicht selber essen würdest." Ich erinnere mich, dass - außer in unserem Betrieb - in den 1950iger Jahren Benzol zur Behandlung der Tracheenmilbe eingesetzt wurde. Weltweit werden den Bienenvölkern jedes Jahr prophylaktisch Medikamente verabreicht, um sie gesund zu erhalten. Eine prophylaktische Behandlung ist jedoch nicht vertretbar. Die Völker sollten nur behandelt werden, wenn sie beginnen einzugehen. Das war es glaube ich, was mein Vater damit meinte.

Die Nachkommen von importierten Königinnen aus dem Süden Europas oder anderswoher, die von Völkern stammen, die prophylaktisch mit Antibiotika behandelt wurden, verlieren jegliche Immunität. Dies bereitet den Imkern dieses Landes große Schwierigkeiten. Gesundheitszeugnisse sind in diesem Fall wertlos.

Probleme mit Pestiziden

Ab Mitte der 1950iger Jahre war ein unkontrollierter Einsatz von Pestiziden zu verzeichnen, der eine große Anzahl an Bienen in einem Zeitraum von vierzig Jahren sterben ließ. Die Situation im Süden Englands (wegen der dortigen Obstplantagen; in den USA entstand ein noch beträchtlicherer Schaden) war schlecht. Eine Chemikalie, Hostathion 40 EC genannt, bescherte den Imkern Jahre mit Ärger und Verlusten. Seitdem haben sich die Dinge beruhigt. Doch nun müssen wir uns mit systemischen Insektiziden auseinandersetzen. Welche Auswirkungen sie haben werden, wird nur die

Zeit zeigen. Imker und die Öffentlichkeit sind mit Recht misstrauisch. Die chemische Industrie ist mächtig und die Regierung machtlos. Die wirklichen Auswirkungen von Pestiziden werden erst zehn Jahre nach ihrer Einführung zu spüren sein.

Mein Freund Andrew Scobbie weigerte sich Bienen zur Bestäubung in die Himbeeren zu wandern, weil dort sorglos mit Insektiziden umgegangen wurde. In solch einem Fall entgeht dem Obstbauern die wichtige Bestäubungsleistung der Bienen und der Imker verpasst die Chance auf eine gute Honigernte. Dabei könnte es eine Absprache zwischen dem Obstbauern und dem Imker geben: Der Landwirt zahlt für die Bestäubungsleistung der Bienen oder er stellt dem Imker die Aufstellung der Völker in den Obstplantagen (Kulturpflanzen) in Rechnung. Ich sagte letztlich einem Landwirt, dass einige unserer Bienen auf seinem Grundstück einen Spritzschaden erlitten hätten. Er entgegnete, dass er seine Weizenfelder mit Insektiziden gespritzt habe, um die Blattläuse zu dezimieren. Nun, die Bienen hatten den Honigtau auf dem Weizen gesammelt. Bienen können nicht parallel zu Insektiziden leben, ohne einen erheblichen Kollateralschaden zu erleiden. Und was ist mit den anderen Insekten, die gleichzeitig getötet werden? Einige von ihnen sind nützlich! Und das war nicht der einzige Zwischenfall.

Vor ungefähr zehn Jahren besuchte mich eine Dame, die in London einen verantwortungsvollen Posten in der Regierung innehatte. Sie wollte unbedingt mehr über den Rückgang der Imkerei wissen, der vermeintlich mit dem Verlust von imkerlichen Fähigkeiten und der Umweltverschmutzung einhergeht. Mir war bewusst, dass Stadthonig mit Cadmium und Blei (Schwermetalle) verunreinigt war und ich schätze, dieses Problem gehört auf Grund geringerer Verschmutzung nun der Vergangenheit an. Sie jedenfalls zog in Betracht, dass Chemikalien, die gegen Schädlinge in Gärten und Parks eingesetzt werden, eine echte Bedrohung für Honigbienen und andere nützlichen Insekten darstellen, zumal sie sich anreichern und sehr lange brauchen bis sie abgebaut sind (Neonicotinoide). Ich denke, sie ist nah an der Wahrheit.

Ich war sehr besorgt, als ich diesen Monat einen Artikel im „American Bee Journal" über das Bienensterben („Colony Collaps Disorder") las. Es wurden dort bestimmte Chemikalien hervorgehoben, die in Bienenvölkern des Autors nachgewiesen wurden. Einige stammten aus den Varroabehandlungsmitteln - insbesondere Coumaphos. Indem diese die Varroamilbe unter der Schadenschwelle halten, beeinträchtigen sie bis zu einem gewissen Grad die Gesundheit der Bienenvölker. Ebenso wurden Chlorothaniol und Chlorpyrifos gefunden. Es wurde angenommen, dass die Bienen diese Chemikalien durch den Besuch von Gartenpflanzen mit in die Völker eingetragen hatten, da sie in keiner landwirtschaftlich genutzten Gegend standen. Was folgte, war eine ausführliche Diskussion über die Toxizität dieser Chemikalien, wenn sie sich abbauen und sich mit anderen Chemikalien in der Umwelt vermischen. Insgesamt war der Artikel sehr deprimierend. Tausende Tonnen dieser speziellen Chemikalien kommen Jahr für Jahr in der US-amerikanischen Landwirtschaft und im Gartenbau zur Anwendung. Einerseits resultieren die Probleme der Honigbiene weitgehend auf der Unfähigkeit des Imkers.

Andererseits wird es aber auch immer wahrscheinlicher, dass das Vorhandensein von signifikanten Mengen an toxischen Chemikalien in der Umwelt eine weiterer Verursacher für das Bienensterben („Colony Collaps Disorder") ist.

Vor etwa vier Jahren berichtete mir jemand, der an der Vermarktung von Agrochemikalien beteiligt war, dass systemische Insektizide auf dem Saatgut von Raps vor der Aussaat zur Anwendung kommen und ich vermute, dass dies zu Schwierigkeiten führen wird. Die Zeit wird es zeigen.

Die Landwirtschaft, ökologische Landwirtschaft ausgenommen, ist jetzt in einem Stadium, in der nichts ohne die vorgeschriebene Menge an Chemikalien wächst. Sei es, damit es überhaupt wächst oder um damit die zunehmende Krankheitsanfälligkeit zu kontrollieren. Der Boden ist zu einem Medium für die Einbringung von Chemikalien geworden und die Fruchtbarkeit des Bodens gehört der Vergangenheit an. Dieser Sachverhalt garantiert uns zweifellos eine verlässliche Versorgung mit Nahrungsmitteln, doch auf wessen Kosten! Der Landwirt erhält seine Vergütung direkt vom Steuerzahler, um seine Kosten zu decken und seinen Lebensunterhalt zu bestreiten. Die meisten Kosten werden durch Chemikalien verursacht. Zudem müssen weitere finanzielle Mittel für die Landwirtschaftsbehörde aufgebracht werden, in der mehr Angestellte arbeiten als in den landwirtschaftlichen Betrieben selber. Selbstverständlich sind die unvorhersehbaren Folgekosten für die Umwelt ebenfalls mit zu berücksichtigen. Zumal wir gesehen haben, dass einige dieser Chemikalien wichtige Bestäuber und anderes vernichtet haben. Wenn man alle Kosten in die Berechnung mit einbezieht, sind Nahrungsmittel sicherlich nicht mehr günstig zu produzieren. Ich kann mich deutlich an Zeiten erinnern, in der es eine blühende Landwirtschaft gab, ohne Spritzungen von Pestiziden, wenig Kunstdünger und Landwirten, die auf den Fruchtwechsel vertrauten. Auch zu der Zeit waren Lebensmittel nicht billig, aber sie hatten wohl eine bessere Qualität und wurden sicherlich nicht verschwendet.

Als Kind war mir bewusst, dass der Fluss „Tweed" sehr fischreich war. Zu nennen sind vor allem Bachforelle, rotgepunktete Forelle, Äsche, Rotauge, Barsch, Flunder, Wolfsbarsch, Gründling und Aal. Und irgendwann waren diese Fische verschwunden, außer Lachs und Seeforelle. Man konnte keinen lebenden Fisch mehr finden. Das erzählte ich einem Landwirt, der auch Agrarwissenschaftler und ein begeisterter Fischer war. Seiner Meinung nach lag die Ursache dafür im Desinfektionsbad für Schafe (Organophosphate). Wenn das tägliche Baden beendet war, wurden die Reste des Desinfektionsbades in den nächsten Wasserlauf geleitet. Der Landwirt schätzt, dass die verschiedenen Fische allmählich wieder in den Fluss zurückkommen.

Früher waren auf den Bauernhöfen ein oder zwei Schwärme Rebhühner und viele Lerchen zu finden. Auch vor unserem Haus konnte man Wiesenrallen beobachten. Diese Vögel sind jetzt verschwunden. Diese Entwicklung ist eine ziemlich bedauerliche Angelegenheit, maßgeblich beeinflusst von den Supermärkten, den multinationalen Chemiefirmen und den Politikern (billige Lebensmittel). So sieht Fortschritt aus!

DACHSE- Dachse haben reichlich Probleme. Es ist unwahrscheinlich, dass ihre gelegentlichen Beutezüge auf Bienenständen bei den Völkern einen Schaden verursachen.

Dachse

Letztlich wurde ich gefragt, ob Dachse eine Gefahr für Bienenvölker darstellen. Wir haben Beuten in unmittelbarer Nachbarschaft zu Dachsbauten aufgestellt und es war nie ein Problem. In der Tat sind die meisten unserer Völker in Gegenden aufgestellt, wo Dachse leben.

Dachse scheinen eine Immunität gegen Wespenstiche zu haben, wenn man bedenkt welchen Schaden sie an Wespennestern hinterlassen. Dachse überfallen Wespennester vermutlich seit tausenden Jahren, um an die Larven zu gelangen. Bevor Imker begannen Bienenvölker in Beuten oder Strohkörben zu halten, gab es immer wild lebende Bienen hoch oben in hohlen Bäumen. Aber Dachse hatten somit nie die Möglichkeit wilde Bienennester zu überfallen, so dass keine Immunität gegen Bienenstiche ausgebildet werden konnte.

Wenn junge Dachse während der Nacht zu plündern beginnen und Nahrungsquellen ausfindig machen, kratzen sie sehr oft mit ihren Krallen an der Beutenfront, und veranlassen offensichtlich die Bienen aus der Beute zu fliegen. Natürlich werden die Dachse in der Dunkelheit gestochen. Die Schmerzen der Stiche veranlassen sie, die Bienenbeuten für immer in Ruhe zu lassen. Ich weiß, dass es in anderen Teilen der Welt Dachse gibt, die immun gegen Bienenstiche sind. Ich kann mich an Bienenvölker erinnern, die wir auf einem landwirtschaftlichen Hof in der Nähe von Jedburgh entlang eines Kornfeldes aufgestellt hatten. Bei einer Kontrolle fanden wir das Getreide vor einem Flugloch ganz flachgedrückt, in solch einem Ausmaß, dass selbst der Landwirt es bemerkte. Wir folgerten daraus, dass eine Dachsfamilie dort gewesen sein musste. Die Bienen aller Völker waren auf sie losgegangen. Anstatt wegzulaufen, versuchten die Dachse die Bienen durch Wälzen loszuwerden, was ihnen nicht gelang. Erstaunlicherweise kam der Landwirt zum gleichen Ergebnis. Es hätten auch Füchse gewesen sein können. Aber ich denke, diese hätten beim ersten Auftreten von Ärger das Feld schnellst möglich verlassen. Dachse dagegen sind ausdauernde Jäger.

Vor vielen Jahren zog eine Jagdgesellschaft durch das Heidemoor, genau dort wo wir Bienenvölker stehen hatten. Eine Schafherde rannte in die Beuten und riss dabei vielleicht drei von ihnen komplett um. Dachse warteten dann solange, bis die Temperaturen niedrig genug waren, um die bewegungsunfähigen Bienen zu überfallen. Dann fraßen sie alles auf, bis die Beute völlig leer war. Sie hinterließen nur die Drähte und die leeren Rähmchen. Ich habe mich nicht bei der Jagdgesellschaft beschwert, denn der Pächter, seine Freunde und deren Beziehungen verschaffen uns freien Zugang und ein begeistertes Willkommen für unsere Bienen auf deren Ländereien. Es mag sein, dass auch wir unvernünftige Dinge auf fremden Ländereien begehen, aber sie werden es tolerieren, vorausgesetzt wir machen ihnen keine Schwierigkeiten. Dies gilt für alle Standorte an denen wir arbeiten. Einmal machte eine Gans vor mehreren Bienenvölkern

WESPEN – sie sind ausgesprochen nützliche Insekten. Leider werden sie im August zu einer regelrechten Plage. Da sie nun wenig Brut versorgen müssen verwenden sie viel Zeit auf das Auffinden von Nahrungsquellen. Während der Bearbeitung oder der Fütterung der Bienenvölker durch den Imker, nutzen die Wespen jede Möglichkeit für eine süße Mahlzeit.

solch einen Lärm, dass sie für ihren Aufstand vier oder fünf Stiche bekam. Daraufhin rief ich am Abend den Eigentümer an, um mich zu entschuldigen. Er tat es mit einem Lachen ab, obwohl er ohne weiteres von mir verlangt haben könnte, die Völker abzuwandern und den Standplatz aufzugeben. Seitdem sagt er uns immer wieder, wie erfreut er über die Aufstellung der Bienenvölker auf seinem Gelände ist. Zudem verlangt er keine Miete. Dies ist die Art und Weise, wie es auf dem Land zugeht.

Wespen

Wespen sind besser als ihr Ruf! Wespen sind Allesfresser und von März bis Juli bauen sie durch Aufzucht vieler Individuen ihre Völker auf, indem sie Insekten und Raupen, die sie in Bäumen und Sträuchern finden, töten. Ebenso haben sie viele der bekannten Pflanzenschädlinge als Nahrung. Wespen beginnen jedes Jahr aufs neue mit ihrem Nest und, anders als Honigbienen, legen sie keine Vorräte an. Daher reicht schon ein ungünstiger Monat im zeitigen Frühjahr (Witterung) und die Wespenpopulation schrumpft gewaltig. Das gleiche gilt für Hummeln, deren Population sich ebenfalls auf Grund von schlechtem Wetter reduziert.

Demzufolge brauchen Wespen eine Phase von feuchtwarmem Wetter, damit sich die Blattläuse vermehren können, die eine Nahrungsgrundlage für die Wespen bilden. Das ist die Zeit in der sie nützliche Insekten werden. Sehr oft habe ich gesehen, wie der Cotoneaster von vielen Honigbienen besucht wurde und merkwürdigerweise versuchte eine Wespe unterhalb der Äste ein Insekt im Gegenlicht auszumachen. Somit haben wir zwei ähnliche Insekten, die in der gleichen Pflanze arbeiten, nur aus unterschiedlichen Gründen. Die Wespe als Jäger, die Honigbiene als Sammlerin.

Nur im August werden Wespen zur Plage, da die Zahl der Individuen eines Volkes nun sehr stark angestiegen ist. Das Verhungern des Volkes ist unvermeidbar. Gelegentlich besuchen sie Bienenvölker und fliegen vor dem Flugloch von einer Seite auf die andere, um eine Stelle ohne Wächterbiene zu finden. Unsere Bienen werden mit ihnen auf dem Anflugbrett vor der Beute kämpfen, bis sie den Rückzug antreten. Im Oktober, wenn die Bienen in der Wintertraube sitzen und die Temperatur zu niedrig ist, als dass sich die Bienen verteidigen können, dringen Wespen in Bienenbeuten ein. Normalerweise sind eingeengte Fluglöcher die Lösung des Problems.

Sehr vereinzelt dringt ein ganzes Wespennest in eine Beute mit einem kleinen Ableger ein und überwältigt die Bienen. Sicherlich sind sich Honigbienen und Wespen ihrer gegenseitigen Existenz bewusst. Aber die Honigbiene ist mindestens genauso robust wie eine Wespe, und viel findiger. Und dennoch sind Wespen unter dem Strich nützliche Insekten.

Als ein Farmer Rinder auf einer Straße bei Wooplaw trieb, machten einige der Kühe und Kälber einen Abstecher in einen jungen Wald am Straßenrand. Es dauerte nicht lange und die Kühe und Kälber kamen wie Springpferde aus dem Wald gelaufen und rannten die Straße entlang. Die Schwänze steil erhoben, folgten ihnen die anderen in einer allgemein wilden Flucht. Ein entgegenkommendes Auto hatte einen Blechschaden und der Landwirt hatte eine Trainingseinheit im Mittelstreckenlauf. Nachforschungen am nächsten Tag ergaben, dass einige Wespen in der Nähe ihres jetzt zerstörten Nestes herumschwirrten. Solche Dinge passieren.

Weitere Gedanken zu CCD

Ich habe versucht einige der Probleme aufzuzeigen, die das Imkern gegenwärtig schwierig machen. Der Artikel wurde geschrieben, damit Imker ihr Handeln und ihre Betriebsweise überdenken. Honigbienen sind ungeheuer hoch entwickelt, womit sie eine Menge Respekt und Rücksicht verdienen. Rücksichtslose Bearbeitung und Notlösungen bedeuten im Allgemeinen Schwierigkeiten, es sei denn die Bienenvölker sind außerordentlich robust. Ich wundere mich, wenn in den Zeitschriften über Leute berichtet wird, die eine Teilung der Völker durchführen. Es ist gut und schön Völker Stück für Stück zu teilen, wenn sie vor Bienen platzen und das Wetter gut ist. Dies in einer schlechten Saison als Schwarmverhinderungsmaßnahme zu nutzen oder als Vorbereitung für die Heidetracht verursacht durchweg Schwierigkeiten (geringe Leistungsfähigkeit, Nosemose). Wenn ein Bienenvolk nicht schwärmen möchte, hat es einen Grund dafür. Auch die kleinen Begattungskästchen stellen eine Form der rücksichtslosen Bearbeitung und ein ungeeignetes Betriebsmittel dar und ich mag sie ebenso wenig. Bienen hassen es in kleinen Einheiten zu leben (Nosemose). Sie fühlen sich verwundbar, weshalb die Königin vermutlich schnell begattet wird.

Vor fünfundzwanzig Jahren kam ein Wissenschaftler aus Amerika, um unsere Bienen für einen möglichen Import in die Staaten zu begutachten, da sie resistent gegenüber der Tracheenmilbe waren. Er fand es überhaupt nicht gut, was er dort vorfand: eher kleine Völkchen, die sich vor den östlichen Stürmen in der Beute verkrochen. Aber sie waren alle am Leben und entwickelten sich, um Honig zu sammeln und um für den Imker einen Gewinn zu erwirtschaften. Ihre Bienen dagegen erlitten unter der Milbenseuche hohe Verluste. Zum Glück habe ich während meines ganzen Lebens keine an Tracheenmilbe erkrankten Völker gesehen, hörte aber, dass sie erneut zum Problem werden könnte.

Wenn man seine Bienen verliert, ist man oft gezwungen neue Bienenvölker zu kaufen. Darin liegt das Risiko. Es ist weitaus besser, die noch vorhandenen Völker weiter zu bewirtschaften. Und nur als letzte Möglichkeit erwägt man Bienen zu kaufen. Ich vermute, dass die Amerikaner die Immunität der Bienen vor Jahren herausgezüchtet haben. Das stimmt in etwa mit den üblichen landwirtschaftlichen Praktiken überein. Wenn ein Königinnenzüchter im Versuch die Rasse zu verbessern die Immunität herauszüchtet, wird er jenen Imkern, die Nachzuchtköniginnen gekauft haben, keinen

Gefallen tun. Denn meist zieht sich das Bienenvolk erfolgreich eine neue Königin heran. Bienenvölker sind bestrebt unsterblich zu sein. Und das können sie nicht erreichen ohne Immunität. Diese leidet weiterhin durch schroffe Bearbeitung auf Grund von wirtschaftlichen Interessen. Zusätzlich kommt die Varroamilbe und ein harter Winter ins Spiel und das war's!

Wenn Bienen und ihre Königin (auf Grund von Krankheiten) für immer aus ihrem Stock ausziehen, war die Lage absolut hoffnungslos. Im Frühjahr ist es durchaus normal das alte Bienen entfernt vom Bienenstock sterben, um damit Infektionen vom Volk fern zu halten. Beim Auftreten von Krankheit neigen die Bienen dazu den Stock vorzeitig zu verlassen. Ein Prozess der als Schwund (Kahlfliegen) bekannt ist. Deshalb ist es wichtig, die Immunität und Langlebigkeit der Arbeitsbienen, sowie das Alter der Königin und ihre Legeleistung nicht aus den Augen zu verlieren. Einen weiteren Einfluss haben die Wetterbedingungen in den vorangegangenen Monaten bis zurück zum letzten Juli *(die Bienensaison startet im August, Anm. der Übersetzerin)*. Da die in Amerika gehaltenen Bienen „Hybriden" sind, kann das Bienensterben (Colony Collapse Disorder (CCD)) eine unerwartete Variante des Kahlfliegens sein. Ich vermute, dass es eine gewisse Empathie zwischen den benachbarten Völkern gibt.

Wenn eines stirbt, sterben alle. Zieht ein Bienenvolk aufgrund schlechter Verfassung aus, erkennen benachbarte Völker diesen Umstand vermutlich durch Schall oder durch Pheromone (Duftstoffe), um dann selber auszuziehen. Dies wird laut Definition als „Ansteckung" bezeichnet und geschieht in Amerika in großem Ausmaß. Auch auf unseren Standplätzen können wir dieses Verhalten in kleinem Maßstab beobachten und unsere Bienen verraten uns damit, dass sie auf einem ungeeigneten Überwinterungsplatz stehen (Lass es dir von den Bienen erzählen). Auf einem für die Bienen zufriedenstellenden Standplatz würde dies nie vorkommen. In Dänemark fanden die Imker durch die Verwendung von Styroporbeuten eine Lösung dieses Problems. Die Styroporbeuten bieten dabei einen Schutz vor frostigen Winden.

Neulich habe ich eine Forschungsarbeit gelesen, die bestätigte, dass ausziehende Völker miteinander kommunizieren können, sogar bei kühlem Wetter. Das heißt, wenn ein Volk aufgibt werden auch die nebenstehenden aufgeben. Am ehesten werden solche Völker kapitulieren deren Bienengemisch zu einem hohen Prozentsatz aus Altbienen besteht (geringe Leistungsfähigkeit). Ein Ableger mit einer jungen Königin wird dagegen in vielen Fällen überleben und den Ruf nach Aufgabe ignorieren, weil der Großteil des Volkes aus Jungbienen besteht und sie auf die Zukunft vertrauen.

Manche Schwächlinge schaffen es, sich über die Naturgesetze hinwegzusetzen und halten so lange durch, bis sie schließlich den Winter überlebt haben. Dies hängt von der Hartnäckigkeit und dem Wesen der einzelnen Individuen dieser kleinen Völker ab.

Forschung und Untersuchungen sind wichtig, aber nicht zwingend erforderlich.

*Steven Purves, unser Vorarbeiter im neuen Honighaus. Die grünen Honigräume
waren unser erster Versuch mit Styroporbeuten. Um feincremigen Honig
zu erhalten wird hier in einem ersten Verarbeitungsschritt kristallisierter
Rapshonig von einer Maschine zerrieben, ohne ihn vorher zu erwärmen*

Diejenigen, die Forschung betreiben, müssen ein umfassendes Verständnis für Bienen und die Imkerei besitzen, oder es wird schwierig zu irgendeiner vernünftigen Schlussfolgerung zu gelangen. Die meisten Beispiele in diesem Artikel sind anekdotenhaft aber die Erfahrung und die Möglichkeit auf Probleme eine einfache Antwort zu finden sind grundlegend. Forschung kann nicht weiterhelfen, wenn die Grundprinzipien einer guten Betriebsweise ständig vernachlässigt werden.

Ein Bienenvolk ist ein fühlendes Wesen. Die Bienen sind sich bewusst darüber, wie sie behandelt wurden und wie sie sich fühlen. Ich beziehe mich dabei auf die Auswirkungen von Wanderungen und langwierigen Transporten. Es gibt immer Probleme in der Tierhaltung, aber es wäre besser, wir würden versuchen mit den Bienen anstatt gegen sie zu arbeiten. Damit würde uns manche Schwierigkeit erspart bleiben. Die Bewirtschaftung von Honigbienen hängt mit dem Einfühlungsvermögen und der Vermeidung von Fehlern zusammen. Hat man dann einige Fehler begangen, sollte man die richtigen Schlussfolgerungen ziehen, um Verbesserungen einzuleiten.

Ernährung

Anpassung der Völkerzahl an den Standplatz

Unlängst erkundigte ich mich bei einem Berufsimker in Westschottland nach seinem Befinden. Er erzählte mir, dass er die Imkerei aufgeben und Pfarrer werden würde. Meiner Meinung nach war das Gebiet hervorragend für die Imkerei geeignet. Auf weiteres Nachfragen stellte sich heraus, dass er auf jedem seiner Standplätze sechzig Völker aufgestellt hatte. Das Imkern hatte er aus einem Fachbuch gelernt, geschrieben von einem fachkundigen Imker und verfasst in den 1930iger Jahren. In den Jahren war jedes zweite Feld ein Kleefeld und die Imkerei des Autors war 400 Meilen *(644 km)* weiter südlich in England beheimatet, mit weitaus günstigeren klimatischen Bedingungen. Der befreundete Imker hätte seine Bienenvölker besser auf dreißig verschiedenen Standplätzen zu je sechs anstatt auf drei Standplätzen mit je sechzig Bienenvölkern aufgestellt. Damit hätte er weniger Probleme mit Bienenkrankheiten gehabt und seine Honigernte wäre ebenfalls besser ausgefallen. Dessen ungeachtet hatte er seinen Entschluss gefasst und ich konnte ihn nicht mehr zum Weitermachen überreden.

Wenn man zum Beispiel in Griechenland oder Nordamerika viele Bienenvölker in einer Reihe aufgestellt sieht, kann von einer geringeren Leistungsfähigkeit und Einbuße der Vitalität, sowie einer vermehrte Krankheitsanfälligkeit der Bienenvölker ausgegangen werden. Und dies alles auf Grund von ausgesprochener Mangelernährung. Dies ist ein weltweites Problem.

BIENENVÖLKER IN GRIECHENLAND – auf den Standplätzen werden üblicherweise dutzende Völker aufgestellt. Und nicht nur das; häufig sind sie auch sehr dicht nebeneinander aufgereiht. Beide Faktoren sind für die Bienen ungünstig – ganz zu Schweigen von der Bearbeitung durch den Imker.

Nektar – und Pollenquellen für die Honigbienen

Ein Freund von mir hält Bienen in Alston, der höchsten Gemeinde in England. Er rief mich während einer Schlechtwetterperiode im Juli an. Er erzählte mir, dass sich seine Bienen prächtig entwickelten, worauf ich direkt erwiderte: „Jakobskreuzkraut". „Wie ich diese Pflanze hasse", war seine Antwort. Pollen und Nektar von Jakobskreuzkraut steigern während Schlechtwetterperioden, wenn nichts anderes mehr verfügbar ist, die Leistungsbereitschaft der Völker. Die Beuteninnenwand ist mit einer gelblich-trüben Farbe des Pollens bedeckt und die Bienen entwickeln sich weiter. Dennoch ist diese Pflanze allseits verachtet.

Ich erinnere mich auch, dass Bienen annehmbare Mengen an Honig vom Riesenbärenklau eintrugen bevor dieser vor einigen Jahren beseitigt wurde. Wenn Rinder entlang des Flussufers von den Weiden ausbrachen, fraßen sie zuerst den Bärenklau. Dies mag darauf hindeuten, dass diese Pflanze ein Spurenelement enthalten muss, welches sie benötigen. Nun ist es das Drüsige Springkraut, welches uns vorzüglichen, hellen Honig in größeren Mengen einbringt.

Eine andere Trachtpflanze, welche zur gleichen Zeit wie die Heide blüht ist die Gewöhnliche Kratzdistel. Einige der Hochweiden schimmern im August blau und leider verfälscht der Nektar der Distel den Heidehonig. Den Distelhonig tragen die Bienen als erstes in die Wabe ein, während sie den Heidehonig, weil später gesammelt, oben auf ablagern.

Das Schmalblättrige Weidenröschen ist ebenso eine großartige Trachtpflanze, die vor allem nach Rodungen in den Hochmooren auftrat. Aus dem Nektar entsteht ein wasserklarer Honig und wie erwartet, mit einem Hauch von Pink. Ich will darauf hinweisen, dass diese Pflanzen zwar Neophyten sind, die aber in Zeiten von Trachtlücken viele verschiedene Insekten, vor allem die Honigbienen, am Leben erhalten.

Den gleichen Effekt haben große Anbauflächen mit Dicken Bohnen (Saubohnen), stellen auch sie eine hervorragende Trachtquelle während Schlechtwetterperioden dar. Sehr oft entstehen regelrechte Pollenbretter von Bohnenpollen in den Brutwaben. Honig von der Dicken Bohne schmeckt nicht besonders gut, ist aber geschmacklich besser als Honig vom Jakobskreuzkraut. Die Tracht aus den Bohnen ermöglicht es den Völkern ihre Volksstärke für die wichtige Heidetracht weiter aufzubauen.

Im Jahr 1985 wanderte ich mit Bienenvölker in ein zweihundert Morgen großes Bohnenfeld. Leider entwickelte sich das Wetter sehr ungünstig, so dass die Bienen zu keiner Zeit die Beute verlassen konnten. In dem Jahr wurden keine Bohnen geerntet, da die Schoten leer waren. Dies kann die Folge von fehlender Bestäubung gewesen sein oder - was wahrscheinlicher erscheint - die Pflanzen stellten die Ausbildung von Samen gänzlich ein.

Ich erinnere mich an Jahre, in denen die Bienen bis Mitte Juni gefüttert werden mussten, weil sie bedingt durch schlechtes Wetter die Frühtracht verpassten, bevor sie überhaupt Honig eintragen konnten. Dies unterstreicht, wie robust die Bienen gewesen sein müssen. Waren sie doch neun Monate eingesperrt. Und dennoch füllten sie die Honigräume im Juli. Ich erinnere mich an eine Highland Show bei der kein Imker bis zum zwanzigsten Juni eine Schwarmzelle gesehen hatte.

Der Anbau von Raps hat die Situation verändert. Die Bienenvölker sind viel stärker und sanftmütiger geworden, insbesondere im Süden von Großbritannien. Imker im Westen Großbritanniens finden die Bearbeitung der Bienen ohne Rapstracht viel schwieriger, vor allem bei schlechtem Wetter. Rapshonig findet einen guten Absatz, vor allem dann, wenn sein Geschmack und Geruch honigtypisch sind und er nicht erwärmt wurde. Früher wurde kanadischer Honig, als „Honigjunge" bezeichnet , ins Land importiert. Es war eine Mischung aus Raps - und Kleehonig, aufgearbeitet nach dem Dyce-Verfahren *(Siehe Glossar)*. Für dieses Produkt bestand enorme Nachfrage. Mit den richtigen Fähigkeiten und Initiativen könnte Großbritannien viel mehr Honig für den eigenen Markt produzieren als es das im Moment tut.

Dicke Bohnen/Saubohnen

Raps

Distel

Schmalblättriges Weidenröschen (Kallerna)

Riesenbärenklau (Fritz Geller-Grimm)

Drüsiges Springkraut

Jacobs-Greiskraut (Jacobaea vulgaris) (Geoff Hopkinson)

Königinnenzellen

Die Besonderheiten verschiedener Bienenrassen

Wenn wir unsere Völker im 9-Tage- Rhythmus durchschauen finden wir oft Weiselzellen. Wir können anhand der Form und der Verteilung der Zellen Rückschlüsse auf das Potential des Volkes ziehen. Kleine und verdrehte Zellen bedeuten eine verwilderte und schlechte Herkunft. Große, stolze Zellen weisen auf ein Volk hin, von dem es sich lohnt nachzuziehen. Das Aussehen der Weiselzellen hat nichts mit dem Ernährungszustand der Weisel zu tun, während die Größe des Volkes sehr wohl damit zusammenhängt. Als ich ein kleiner Junge war, hatte ich die Möglichkeit mir Klee - und Scheibenhonig (Sektionen) anzusehen. Nahezu jeder Hobbyimker produzierte solchen Wabenhonig. Dabei war es sehr interessant festzustellen, dass jedes Volk sein eigenes Muster der Verdeckelung zeigte, was auf die Individualität und die unterschiedliche Herkunft der Völker hindeutet. Einige waren italienischer Abstammung, andere vermutlich niederländischer oder kaukasischer und wieder andere von unbekannter Abstammung. Schaut man sich heute den Wabenhonig aus Neuseeland an, muss man feststellen, dass die Verdeckelung extrem einheitlich ist, was auf eine enge Verwandtschaft der beteiligten Bienen schließen lässt.

Krankheitsanfällige Bienen

„Krankheitsanfälligkeit" ist das Schlüsselwort in der Imkerei. Es ist nahezu unmöglich anfällige Bienen in Großbritannien zu halten, da jede Region früher oder später von schlechtem Wetter erreicht wird. Inzucht oder Linienzucht kann in dieser Hinsicht zum Problem werden, muss aber nicht. Bienen müssen sich an neue Bedingungen anpassen und sich organisieren um zu überleben. Der Imker sollte umsichtig sein und ihnen diese Überlebensstrategie zugestehen. Bienen müssen den Lebenswillen haben. Es ist erwähnenswert, das wir gelegentlich sehr starke, wild lebende Bienenvölker finden, die anscheinend überlebt haben, obwohl die meisten wilden Völker durch die Varroamilbe eingehen.

Zusammenfassend muss gesagt werden, dass die Varroose und Sekundärinfektionen die hauptsächlichen Ursachen für Völkerverluste in Großbritannien sind. Die Varroamilbe vermindert die natürliche Immunität der Bienen und zerstört deren Entwicklungsfähigkeit.

In den USA oder anderen Gegenden auf der Welt wird eine industrialisierte Imkerei praktiziert und führt zu noch mehr Problemen. Vielleicht haben wir im Norden von England Glück, dass wir es auf Grund des herben Klimas mit den Bienen nie so genau genommen haben, weil wir und die Bienen besser mit den Widrigkeiten des Klimas umgehen können. Nichts desto trotz, Bienenhaltung ist in gemäßigtem Klima schwierig und wird es auch bleiben (lange Winter).

Verteidigungsverhalten

Das Verteidigungsverhalten bei Honigbienen ist manchmal genetisch bedingt. Meistens ist es aber das Ergebnis von wiederkehrenden Konfrontationen mit dem Imker, worauf die Bienen mit zunehmender Stechlust reagieren. Die Bienen gehen in solchen Situationen erstaunlicherweise immer vom Schlimmsten aus und wollen sich durch Stechattacken schützen. Bienen können gut bearbeitet werden, wenn man sich ihnen mit etwas Rücksicht und Respekt nähert und die Arbeit zügig und mit Sorgfalt von statten geht. Es ist eine Frage ihre Stimmung zu beurteilen. Und Bienen können die leiseste Angst erkennen.

All zu oft geht der Imker in die Nähe der Beuten und die Bienen bereiten sich schon für einen Angriff vor, was aber nicht der Fall sein sollte. Dies ruft Aggressionen hervor und ist tief verwurzelt in ihrem gemeinsamen Gedächtnis. Andererseits wird Aggression durch die Kreuzung verschiedener Rassen hervorgerufen. Gelbe Bienen sind viel einfacher zu bearbeiten, leben aber nicht im Norden Englands. Dunkle Bienen werden sanftmütiger, wenn man sie über Jahre hinweg gut behandelt. Im umgekehrten Fall sind sie aufgrund ihrer Angriffslust nicht mehr zu bearbeiten.

Es sollte erwähnt werden, dass Bienenvölker nicht unter überhängenden Bäumen stehen sollten, weil sie dann dazu neigen stechlustig zu werden: „Bees in a wood never did any good" *(Bienen im Wald aufzustellen ist sehr ungünstig)*. Ebenso wenig sollten Bienen auf Gemeinschafts-Standplätzen aufgestellt werden. Bearbeitet ein Imker ein Bienenvolk werden die Wächterbienen des Nachbarvolkes von den Vibrationen gereizt. Dieses Volk wird zum „Mitläufer" und die Bienen verfolgen den Imker überallhin und machen ihm das Leben schwer.

As bees bizz out wi' angry fyke.
When plundering herds assail their byke;

Extract from Tom O' Shanter

(Anm. der Übersetzerin: Bedeutung: Sollten Schafzüchter versuchen
Honig zu stehlen, werden sie von den Bienen gestochen.)

Verfliegen

Das Verfliegen tritt auf allen Bienenständen auf. Ursachen sind in dem vorherrschenden Wind oder großen Objekten, wie zum Beispiel in Häusern oder großen Bäumen in der Fluglinie zu suchen. Liegt die Trachtquelle an einer Seite oder hinter der Beute, werden die Bienen bei der Rückkehr Fehler machen. Einige werden in die falsche Beute fliegen, um einfach nach Hause zurückzukehren, vor allem wenn das Bienenvolk stark ist. Dieses große, starke Volk bedeutet Sicherheit für die Bienen.

Das Verfliegen tritt auch dort auf, wo die Völker nicht gegen Varroose behandelt wurden, so dass die Flugbienen in Völker auf fremden Bienenständen in vielleicht einer Meile (etwa 1600 m) Entfernung abwandern. Dies kann dem sorgfältigen Imker einen herben Schock versetzen.

Verflug kann eine schlechte Königin gut aussehen lassen und umgekehrt und lässt den Imker falsche Schlüsse ziehen (Nahrung). Zudem begünstigt es frühzeitiges Schwärmen. Wenn ein Volk früh schwärmt, weil es wegen Verfluges überfüllt ist, werden die Völker an beiden Seiten ebenfalls mit den Schwarmvorbereitungen beginnen. Dies geschieht auf Grund des Verfluges von Bienen aus dem mittleren Volk in die benachbarten Völker, die die anderen Bienen so beeinflussen, dass der Schwarmtrieb ausgelöst wird. So wird man unter Umständen fünf Völker finden, die sich auf Grund des Verfliegens auf das Schwärmen vorbereiten.

Dies sind Probleme, die im Zusammenhang mit einer großen Völkerzahl und einer dichten Aufstellung stehen. Imker sollten niemals Standplätze teilen. Ich erinnere mich an die Zeit, als noch kein Individualverkehr herrschte: es wurde ein Fahrzeug gemietet, um alle Bienen vom Dorf in die Heide zu bringen. Das endete damit, dass einige Beuten - unabhängig vom Zustand der Völker - voll mit Heidehonig waren und andere gar keinen Honig hatten. Dies führte zu Herzeleid und heftigen Diskussionen unter den Imkern. Der vorherrschende Wind hatte alle Bienen an ein Ende der Reihe gedrückt. Bienenvölker müssen im richtigen Winkel zur Tracht stehen, obwohl dies nicht immer möglich ist.

Willie mit seinem Austin Pick-up auf dem Rückweg von der Heide bei Ros Castle in der Nähe von Chillingham, Northumberland, 1964.

Tom Bradford mit seinem Austin-Pick-up auf seinem Heide-Standplatz.

Bienenköniginnen

Königinnenimporte

Wenn Königinnen aus dem Ausland gekauft werden, wird nicht nur die besondere Qualität eingekauft, sondern auch unerwünschte Eigenschaften. Dies wird beim Kauf häufig übersehen. Damit sich Bienenvölker in diesem Land - speziell in Schottland - gut entwickeln können, sind Krankheitsresistenz, Langlebigkeit und Sparsamkeit von höchster Bedeutung. Wenn sich Bienen mit einer fremden Herkunft in Großbritannien wiederfinden, und dann ausgedehnte Perioden mit schlechtem Wetter vorfinden, entmutigt sie das. Damit öffnet sich die Tür für alle Krankheitstypen einschließlich der Europäischen Faulbrut, welche ich für endemisch halte. Krankheiten kennen keine Grenzen. Importierte Bienen brauchen zehn Jahre um Immunität zu erlangen und sich an die lokalen Bedingungen anzupassen, oder sie sterben aus.

Wenn ich an die Situationen in den 1950iger Jahren zurückdenke, waren die meisten Bienen vom dunkelbraunen Typ, vermutlich niederländische Korbbienen, resistent gegen die „Isle of Wight"-Krankheit *(Anmerkung der Übersetzerin: Epidemisches Auftreten der Tracheenmilbe, die etwa 90% aller Bienenvölker in GB vernichtete).* In den 1950iger Jahren erlebte die Imkerei eine große Renaissance, verursacht durch die allgemeine Lebensmittelknappheit. Wegen der niedrigen Löhne ergab sich mit der Imkerei eine zusätzliche Einnahmequelle. Imkereien entstanden im ganzen Land. Italienische Bienen wurden importiert um die große Nachfrage an Bienenvölkern zu befriedigen - die Situation heute ist ziemlich ähnlich. Leider war es schwierig die italienischen Bienen zu überwintern ohne dass sie an Ruhr erkrankten. Damit blieben die Beuten für ein Jahr unbesetzt bis sie desinfiziert werden konnten. Viele Imkereien mussten auf Grund dieser Probleme schließen. Die Italienerköniginnen verpaarten sich mit den lokalen Bienen und die erste F1 - Generation war besonders aggressiv. Dies führte zum Rückgang der dörflichen Imkerei. Ursprünglich wurden die Bienenvölker in den Dorfgärten gehalten, waren an Menschen und Tiere gewöhnt und stachen nicht oft.

Manchmal können wir auch heute noch die Nachkommenschaft der italienischen

Biene in unseren Völkern sehen, als würden sich ihre Gene einen Weg durch den lokalen Bestand bahnen. Gelegentlich erkennt man bei der Dunklen Biene ein Merkmal der ursprünglichen italienischen Rasse wieder. Es gab 50 Bienenvölker am Rand von Horncliffe, einem Dorf mit 200 Einwohnern. Mitarbeiter einer Mühle bewirtschafteten 200 Völker außerhalb von Cumledge (80 Einwohner). Zu dieser Zeit war die Landwirtschaft absolut abhängig von einheimischem, wildem Weißklee. Dieser wurde angebaut um Stickstoff im Boden anzureichern und damit dessen Fruchtbarkeit zu steigern. Ich strapaziere das Wort einheimisch, da der Weißklee von heute nicht genauso üppig zu gedeihen scheint wie der alte. In der Vergangenheit fanden die Bienen Pollen und Nektar aus dem (Berg-)Ahorn, der Ulme, der Wildkirsche, dem Weißdorn, dem Ackersenf in den Kornfeldern und auf den nicht gespritzten Weiden Disteln und zum Schluss blühte der Klee. Dann erfolgte ein kurzer Transport der Bienenvölker in die Heidetracht. In annehmbaren Jahren konnte auf diese Weise keine Mangelernährung auftreten. Die Völker blieben klein und resistent gegen EFB, außer in einer wirklich schlechten Saison. Ich schätze, dass 80% des Erfolges einer Imkerei in guter Ernährung der Völker begründet liegt. In jenen Tagen gab es ein adäquates Angebot an Trachtpflanzen für eine große Anzahl an Bienenvölkern. Ebenso war es den Völkern möglich eine Mangelernährung während einer Schlechtwetterperiode zu überstehen.

Mit der Einführung von selektiven Herbiziden und Kunstdüngern entwickelten sich die Dinge einen großen Schritt zurück. Auch wenn die Einführung von Raps in den frühen 1970iger Jahren von großem Nutzen für die Imker war, da er eine frühe Nektarquelle für die Bienen darstellt, mussten viele Imkereien aufgeben.

Nach dem strengen Winter von 1962/63 wurden viele italienische Paketbienen aus Amerika importiert. Während wir die Finger davon ließen, wurde ein Freund überredet seinen Bestand mit diesen Bienen zu ergänzen. Nachdem wir geholfen hatten sie in den vorangegangenen Jahren zu bearbeiten, wurden uns diese Völker überlassen und wir wussten was uns erwartete. Im Frühjahr war die Volksstärke auf eine Handvoll Bienen geschrumpft, im Sommer wollten sie nicht aus den Füßen kommen und waren nicht voll entwickelt. Der Grund war die Nosemose und einmal in einen solchen Zustand gelangt, kommen die Völker nicht wieder in Schwung und bringen auch keinen Honig. Ich glaube, die meisten von ihnen scheitern im Winter und werden durch Robustere ersetzt. Mein Vater sagte zu solchen Völkern die im Winter den Löffel abgaben: „Und Tschüss!"

Raue Winter können für die Imker von Nutzen sein, als sich damit Krankheiten kontrollieren lassen, auch wenn es in dem Augenblick schwer hinzunehmen ist.

In den 1980igern wurden italienische Bienen und Bienen aus Neuseeland in diese Region importiert. Drohnen der italienischen Biene wurden in Beuten meilenweit von ihrem eigentlichen Standplatz entfernt gefunden. Die neuseeländischen Bienenvölker,

Italienische Honigbiene

Eine Wabe voll mit Pollen

die vor Ort aufgestellt wurden, gingen innerhalb von 3 Jahren ein. Vor kurzem las ich in einer Fachzeitschrift von einem Imker aus Nord-Devon, dessen Bienenvolk mit einer neuseeländischen Königin für immer die Beute verließ. Ich bin mir ziemlich sicher, dass neuseeländische Bienen in ihrem eigenen Land sehr gut sind, sich aber in Nord-Devon, welches auf der anderen Seite der Erdkugel und zehn Breitengrade weiter vom Äquator entfernt ist als Neuseeland, nicht zu Hause fühlen.

Kürzlich las ich in einer Fachzeitschrift von dem Vorteil importierter Königinnen aus Kreta. Sie zeigten ein Foto mit einer Brutwabe, in der jede freie Zelle mit junger Brut belegt war. Tatsächlich ist es aber besser, wenn 20 % der Brutwabe mit Honig und Pollen (Sparsamkeit) gefüllt sind, damit die Bienen während Trachtlücken versorgt sind. Bienen geraten unter Stress, wenn Trachtlücken auftreten, typischerweise im Juni oder während sehr trockener Perioden im Sommer.

In diesem Leserbrief wurde auch über „Biodiversität" gesprochen. Übertragen auf die Bienen meint „Biodiversität" für mich, dass sie einen großen Genpool besitzen sollten, um stark und krankheitsresistent zu sein. Sie sollten aber auch eine ausreichende Inzucht aufweisen, um ihrer Rasse, die an die Region angepasst ist, treu zu bleiben. Wie bereits erwähnt, wurde ein großer Anteil der Bienen in dieses Land importiert. Sie haben einen Weg gefunden sich an die Gegebenheiten und die Auswirkungen von schlechten Wintern anzupassen.

Eine importierte Königin aus Kreta, begattet von einheimischen Drohnen, würde ihre Schwächen auf die lokale Biene vererben, was wiederum zu einer Anfälligkeit der Bienenvölker führen könnte. Der Imker braucht dann eine lange Zeit, um alles wieder in Ordnung zu bringen. Es ist unerheblich wie viel Honig diese Bienen unter idealen Bedingungen erwirtschaften würden, wesentlich ist, dass sie überleben. Ich gebe zu, dass ich nur wenig über Genetik weiß. Wenn man die Khaki Campbell Ente *(Anm. der Übersetzerin: Die Khaki Cambell Ente ist eine in England gezüchtete Entenrasse. Sie entstand durch Kreuzung verschiedener Rassen und zeichnet sich durch eine besonders hohe Eierproduktion aus)* oder die Black Rock Henne betrachtet, so sind diese Züchtungen viel besser als die Summe ihrer Teile. Ihre Eltern aber sind immer die gleichen Zuchttiere (Rasse) und ihre Nachkommen sind immer gleichartig. Dies könnte auch bei Bienen vorkommen, nur ist es viel schwieriger zu erzielen. Es sind zu viele Eigenschaften und zu viele Variablen (Wetter, Tracht) zu berücksichtigen.

Wenn Bienen vom Ausland oder selbst aus unterschiedlichen Teilen des eigenen Landes in ein anderes Gebiet gebracht werden, haben sie große Schwierigkeiten vernünftige Entscheidungen während der Saison zu treffen. Sie sind unfähig Parameter zu erkennen, die ihre Entscheidungsfindung beeinflusst hätte. Wie oft haben wir von Bienen gehört, die trotz Trachtlücke voll durchgebrütet haben und am Ende fast verhungert wären. Oder solche, die während einer Tracht immer weiter brüteten und dabei die halbe Honigernte zum Überleben verwendeten. Wären die Bedingungen immer ideal, könnten große Bienenvölker, vor allem solche von importierten Bienen, gute Erträge einbringen. Ideale Bedingungen herrschten beispielsweise in der ersten Hälfte des 20. Jahrhunderts, wo Millionen Acres einheimischen Weißklees in der Landwirtschaft eine große Rolle spielten. Früher war es möglich sechzig Völker an einem Standort zu halten, heute wären sechzehn mehr als genug, es sei denn die Bienen fänden eine zuverlässige Tracht aus dem Borretsch.

Carnica- und Buckfast-Bienen

In Dänemark haben sich die Imker (- Königinnenzüchter und Zulieferer für Bienenzuchtbedarf -) durch ähnliche Interessen gegenseitig verpflichtet. Die Königinnenzüchter sind vorsichtig bei der Beurteilung ihrer für den Verkauf bestimmten Königinnen, hängt ihre Zukunft doch von ihnen ab. Die Dänen haben eine andere Betriebsweise im Vergleich zu unserer entwickelt. Sie benutzen Styroporbeuten, um ihre Bienenvölker sicher durch den Winter zu bekommen. Des Weiteren müssen sie die Brutwaben jährlich austauschen, um Brutkrankheiten vorzubeugen. Aus den entnommenen Waben lässt sich noch etwas zusätzlicher Heidehonig ernten. Die Methode bricht mit den Mengen an Futtersirup zusammen, die für die Erhaltung der Völker in einer schlechten Saison benötigt werden. Es ist für die Imker entmutigend, wenn sie ihre Bienen im Sommer füttern müssen - und es ist zudem kostenintensiv. Keine noch so große Menge Zuckersirup kann eine Tracht ersetzen. Die Dänen geben ihr bestes, um das Risiko zu minimieren und in guten Jahren produzieren sie mehr Honig als wir.

Wie die Dänen entwickelten die Königinnenzüchter in Norddeutschland die Carnica in ähnlicher Art und Weise, indem sie die Schwarmneigung herauszüchteten und auf Nosema-Resistenz selektierten. Ein jeder wird hoffen, dass diese gut ausgebildeten Fachleute vielleicht Bienen züchten werden, die gegen die Varroamilbe resistent sind. Zurzeit versuchen die Dänen jede Milbe in ihren Völkern zu beseitigen. Wir müssen ebenfalls behandeln, oder wir würden unseren Familienbetrieb und unsere Existenzgrundlage verlieren. Diese Situation steht in deutlichem Gegensatz zu der generellen Aussage dieses Artikels, dass Imker versuchen müssen Bienen zu halten, die eine völlige, natürliche Resistenz erlangt haben.

Wenn Bienen nach Großbritannien importiert werden müssen, so sollten sie vorzugsweise aus Nordeuropa kommen. Die meisten der exportierten Carnicabienen sind Linienzuchten von spezialisierten Königinnenzüchtern. Um diesen Zustand zu erhalten, müssen Königinnen regelmäßig importiert werden. Damit soll die Rasse rein gehalten werden, wobei eine zu enge Verwandtschaft die Vorteile schnell zunichte machen würde. Die Imker geraten dann in Abhängigkeit von den Königinnenzüchtern. In Amerika

Carnicakönigin

verwendete man für Jahrzehnte Hybride. Das heißt, dass Inzucht global wird, was wiederum zu chronischer Schwäche (Vitalitätsverlust) führt. Dies ist auch allgemein in der intensiven Geflügelhaltung bekannt. Ich habe erfahren, dass es diesen Winter (2010) in Deutschland bei Carnica - sowie bei Buckfastvölkern Problemen mit Nosemose gegeben hat. Wenn die Königinnenzüchter ihre Arbeit anständig gemacht hätten, wäre das vielleicht nicht passiert. Die Selektion von Königinnen ist eher eine Reise in das Unbekannte, aber die Resistenz gegen Nosemose ist von entscheidender Bedeutung. In guten Zeiten werden die Bienen eine Menge Honig eintragen, egal welcher Herkunft sie sind. Bienen so zu züchten, dass sie auch mit schlechten Bedingungen umgehen können, ist sehr schwierig, da jede Saison und jeder Standort unterschiedlich ist.

Wir haben einige Carnicas mit unseren eigenen Bienen gekreuzt. Diese Völker sind sehr stark und erwirtschaften eine große Menge Honig, wenn man sie zusammenhalten kann. Sie werden zweifellos Weiselzellen ziehen und sich restlos abschwärmen, so dass nur noch ein unbrauchbares Restvolk für die restliche Saison übrig bleibt. Dagegen versuchen wir die Bienen zusammenzuhalten und jede auftretende Tracht auszunutzen, ohne einen großen Arbeitsaufwand unsererseits. Trotzdem habe ich einen großen Respekt vor den Königinnenzüchtern aus Nordeuropa, die versuchen die Immunität in die Honigbienen zurück zu züchten und das ist längst überfällig.

Ich habe von Imkern gehört, die ihre Bienenvölker ohne Behandlung halten und das es Völker gibt, die einer großen Anzahl von Varroamilben widerstehen können. Wir, wie auch die meisten anderen Imker, üben einen wirtschaftlichen Druck auf unsere Bienen aus (Wanderung), und unterziehen sie Behandlungen, so dass sie keine natürliche Resistenz gegen die Varroamilbe erwerben können. Es ist im Wesentlichen der zunehmende kommerzielle Druck der die Probleme mit den Bienenvölkern weltweit verursacht. Ich traf einen Berufsimker aus Österreich (1500 Völker), der seine Bienen nicht behandelt und jeden Winter zwei drittel seiner Völker verliert. Sein größtes Problem ist, dass sich kontinuierlich Schwärme und Drohnen aus behandelten Völkern einfinden. Damit werden seine Anstrengungen und Maßnahmen zunichte gemacht. Ich schließe mich der Meinung an, dass es sehr schwierig wird die Völker durch den Winter zu bekommen, wenn in der Zeit der Heidetracht oder im Januar Varroamilben in den Völkern sind.

Buckfast-Königin

Nachtrag März 2010:

Als Antwort auf eine Mitteilung von Clive de Bruyn über frühzeitiges Versagen der Königin:

In letzter Zeit gab es Diskussionen über schlechte Königinnen. Der offensichtlichste Grund dafür ist anhaltend schlechtes Wetter von Juni bis August über eine Zeitspanne von mindestens drei Jahren. Der Standplatz muss besonders geschützt sein, ansonsten fehlt den Königinnen das Urvertrauen auszufliegen und begattet zu werden. Wenn ein genereller Qualitätsverlust bei Drohnen und Königinnen festgestellt wird, ist das ein Zeichen für Stress. Das kann folgende drei Gründe haben: erstens, das Vorhandensein von Varroamilben im Bienenvolk zusammen mit Sekundärkrankheiten; zweitens, Rückstände von Varroabehandlungsmitteln; drittens, das Vorhandensein von Chemikalien aus der Landwirtschaft im Ökosystem. **Eine Königin lebt für eine lange Zeit in einem Volk. Anders als die Arbeitsbienen, die nur wenige Wochen alt werden.** Die Königin ist den Chemikalien somit länger ausgesetzt. Honigbienen sind ein Indikator für den Zustand unserer Landschaft (Umwelt).

Dann gibt es das zusätzliche Problem der fast kompletten Ausrottung der wilden Bienenvölker. Auf dem Land, besonders in Waldgebieten gab es etwa viermal so viele wildlebende Bienenvölker wie vom Imker gehaltene Völker. Sie dienten als Balance innerhalb des Genpools (Erbmasse). Sie zogen so viele Drohnen auf wie möglich, wogegen der Trend in der modernen Imkerei, die Drohnenbrut zu vernichten, große Zustimmung findet. Andererseits spielen die wilden Völker, die es noch gibt, bei der Reinvasion der Varroamilbe in ansonsten gesunde Völker eine Rolle. Das ist ein ungeheurer Rückschlag für den natürlichen Ablauf in der Natur und die Bestäubung durch die Honigbiene wird in einem hohen Maße zurückgehen. Es ist erwähnenswert, das Honigbienen stetige Bestäuber für neun Monate im Jahr sind, wohingegen andere, möglicherweise effizientere Bestäuber der Jahreszeit entsprechend kommen und gehen. Dies wird manchmal von Experten übersehen.

Ich kann mich an Imker aus der Generation meines Vaters erinnern, deren Bienenköniginnen bereits fünf Jahre alt waren, bevor sie ersetzt wurden. Bei einem Besuch in einer dänischen Imkerei konnte ich Völker mit dreijährigen Königinnen sehen. Die Imker dort tauschen die Brutwaben alljährlich aus, und vielleicht ist das ein Schlüssel, um die Bienen biologisch gegen Varroose zu behandeln. Zumindest würde es eine potentielle Fehlerquelle beseitigen.

Des Öfteren habe ich von teuer eingekauften Königinnen gehört, die erfolgreich eingeweiselt wurden und dann eine Woche später abgestochen waren, als seien sie Fremde. Wenn, wie ich schon erwähnte, große Mengen an Königinnen alljährlich nach Großbritannien importiert werden, verlieren viele Völker folglich ihre Identität und ihre Einheit wird durcheinandergebracht. Sie werden dann versuchen sich neu zu organisieren, um einen stabilen Zustand zu erreichen, wie sie es seit tausend Jahren machen. Das Volk muss durch eine Periode relativer Instabilität - dabei ist Stabilität das wichtigste in einem Viehzuchtbetrieb. Ich für meinen Teil denke, dass der wichtigste Grund für das vorzeitige Versagen der Königin eine Instabilität in den Genen ist und die Bienen dies erkennen. In Wahrheit kenne ich die Antwort darauf nicht. Dieses Problem haben wir in unserer Imkerei nicht, da die Bienen reinrassig sind. Die Bienen gehören in diese Umgebung und zeigen Farbvariationen. Aber wir werden weiterhin Probleme mit landwirtschaftlichen Chemikalien und der Varroamilbe haben - beides vielleicht ein Teil der Antwort.

Ich bin erinnert worden, dass ich in diesem Buch über die Komplexität des Schwärmens geschrieben habe, welches nur durch ein hoch entwickeltes Verhalten zu einem Erfolg führt. Ich vermute, dass sich der Vorgang des Schwärmens in den letzten Jahren verändert hat und die Bienen manchmal nicht mehr genau wissen was sie tun. Ich bin mir bewusst, dass Schwärme mit Königinnen unterwegs sind, die nicht lebensfähig sind. Früher war das nicht der Fall. Honigbienen sind abhängig von Hochdruckeinflüssen (beständiges Wetter), um erfolgreich zu sein. In unbeständigem Wetter können sie nicht fliegen, ohne alle ihre Energiereserven zu verbrauchen. Außerdem wird der Schwarmtrieb solange bestehen bleiben, bis die Bienen davon überzeugt sind, dass sich die Wetterbedingungen zum Besseren wenden.

Bedauerlicherweise musste Großbritannien in den letzten Jahren mit vielen Tiefdruckgebieten, die etwa alle 36 Stunden vom Atlantik während des Hochsommers hereinkamen, fertig werden. Dies ist keinesfalls günstig für die Imkerei. Die Königinnen können wegen andauernden Regengüssen nicht mehr davon ausgehen, begattet zu werden. Die Bienen beanstanden daraufhin ihre Königinnen und versuchen sie zu ersetzen. Wenn die Bienen ein Problem innerhalb des Volkes vermuten, zum Beispiel bei Krankheitsanfälligkeit, dann tauschen sie ihre Königin aus, in der Hoffnung, der Wechsel der Gene wird es beseitigen. Dies ist ein außerordentlich hoch entwickeltes Verhalten. Gleichermaßen könnte man annehmen, dass, wenn die Königin von winzigen Spuren Insektiziden beeinträchtigt ist, die Bienen ihre Leistungsfähigkeit anzweifeln. Letztendlich werden sie die Königin abstechen und ersetzen.

Die Schwärme, die sich im Hochsommer an keinem neuen Nistplatz niederlassen, sind hoffnungslos und leider kann ich nicht sagen, welcher Grund sie so handeln lässt - Wetter, Varroose oder Insektizide. Vielleicht werden wir es nie erfahren. Aber wenn Bienen Pollen und Nektar von Blüten sammeln, welche systemische Insektizide angereichert haben, ist es höchstwahrscheinlich, dass auch die Königin davon beeinträchtigt wird und die Bienen sie abstechen werden.

*Ein großer Bienenschwarm mit heimischen dunklen Bienen in einem Ahornbaum,
der höchstwahrscheinlich mehrere unbegattete Jungköniginnen enthält.*

Weitere Diskussionen

(A) Volkstemperament

Mein Freund Colin Weightman, der uns das erste Mal 1949 besuchte, ermutigte mich noch etwas über das Verhalten der Honigbiene zu schreiben. Vor allem über ihre Fähigkeit Entscheidungen zu fällen.

Vor einigen Jahren besaßen wir einen schwarzen Hund und Bienen hassen instinktiv schwarze Hunde. Wir brachten einen starken Ableger aus keinem besonderen Grund mit nach Hause und stellten ihn in einem Heidebeet, angrenzend an den Fußweg zum Haus auf. Der Hund benutzte diesen Weg, der in einer Entfernung von 2 Yards (ca. 1,8 m) von der Beute entfernt lag und er wurde nie gestochen. Als das Volk ankam, brauchten die Bienen einige Tage, um ihre Situation zu beurteilen. Sie wollten nicht auf ihre Anwesenheit aufmerksam machen, so dass sie sich zurückhielten. Danach wurde vom Volk eine Entscheidung getroffen. Weder der Hund war eine Bedrohung, noch die Menschen, die Haarspray benutzten, Pelzkragen trugen, nach abgestandenem Alkohol rochen und all den anderen Dinge, die sie hassen. Dadurch, dass sie von niemandem gestört wurden, behielten sie ihr ruhiges Verhalten während der ganzen Saison bei, auch nachdem ihre Volksstärke zugenommen hatte.

Dies waren Dunkle Bienen. Hätte man sie auf einem neuen Standplatz aufgestellt, hätten sie jeden im Umkreis von 50 Yards (ca. 46 m) gestochen. Dies ist eine Reaktion auf Angst. Und nun hat das Volk im Heidebeet das Vertrauen seine tägliche Arbeit sicher verrichten zu können mit dem Wissen, dass die Passanten keine Bedrohung sind. Und diese Nachricht wurde an alle erwachsenen Bienen weitergeleitet, die während der Saison ausgeflogen waren. Diese Entscheidung wurde innerhalb von zwei bis drei Tagen nach der Aufstellung der Beute getroffen. Wie clever ist das? Ich habe keinen Zweifel daran, dass Bienen die früher in einem Hausgarten gehalten wurden, ein ähnliches Temperament hatten, was den Imkern eine Bearbeitung ohne Schleier und Handschuhe erlaubte. Allerdings wählten die Imker einen Tag zur Bearbeitung an dem es honigte. Bienen möchten nicht vor 10.30 Uhr oder nach 16.30 Uhr gestört werden. Früher gab

Mr. Colin Weightman zeigt eines seiner Bienenvölker bei einem Besuch im Oktober 2008 (Foto: Mertens)

es Imker, die ihre Völker im 9 - Tage - Rhythmus nach 18.00 Uhr auf Schwarmzellen kontrollierten, was immer zu heftiger Stecherei führte. Das war sehr schlecht für die Bienen als auch für den Imker unangenehm. Aber zu der Zeit war eine Arbeitszeit von 48 Stunden in der Woche üblich, so dass sie ihre Völker dann bearbeiten mussten wie es die Zeit erlaubte.

Vor zwei Jahren gab ich an einem bedeckten Tag eine Standbesichtigung für lokal ansässige Imker. Absichtlich öffnete ich ein kleines Volk sehr vorsichtig und keine Biene versuchte jemanden zu stechen. So stieg das Vertrauen der Zuschauer, viele von ihnen Anfänger und sie drängten sich um die Beute. Unsere Bienen sind für ihren Teil von Natur aus nicht aggressiv und sie sehen so viele Leute, die sich nicht vor ihnen fürchten, dass sie den Entschluss fassten sich zu benehmen. Was mich erstaunt ist, dass die Bienen ihre Entscheidung im Nu treffen und diese Information an alle Mitglieder des Volkes weitergeben. Wir wiederholten eine solche Besichtigung an viel stärkeren Völkern, deren Sammlerinnen alle zu Hause waren, mit demselben Ergebnis. Die Demonstration war ein Vergnügen und jeder lernte etwas. Die Bienen müssen das Vertrauen haben, dass sie bei der ersten Annäherung keiner Bedrohung ausgesetzt sind und die Zuschauer müssen ebenso souverän und gelassen sein. Sind sie das nicht, werden die Bienen versuchen Angst unter den Anwesenden zu verbreiten - und im Allgemeinen tun sie das - und dann endet eine Standbesichtigung im Chaos.

Während einer Mittagspause, als die Mitarbeiter ohne Schleier in einiger Entfernung zu den Beuten herumsaßen, wurde ein Mann in die Nase gestochen. Ich fragte ihn, ob er an diesem Tag Alkohol getrunken hätte. Er verneinte das, aber am vorherigen Abend hatte er zwei oder drei Gläser Wein getrunken. Die Bienen konnten dies selbst 15 Stunden später wahrnehmen und bestimmten die exakte Quelle. Eine einzige Biene entschied etwas dagegen zu unternehmen. Offensichtlich denken sie, dass der Geruch von einem Raubtier stammt und ein Raubtier bedeutet normalerweise Vernichtung. Obwohl dies ihr natürliches Verhalten ist, kommen sie dadurch in Verruf. Vor einigen Jahren spritzte eine beauftragte Firma dichtes Gestrüpp an den Ufern des Tweed ab, damit die Fischer ihre Netze für den Lachs auswerfen konnten. Unglücklicherweise zog das Spritzmittel über einen Bienenstand, so dass die Bienen herausstürzten und die Leute aus der Umgebung für ein oder zwei Tage stachen. Es wurde erzählt, dass in dem Spritzmittel eine Chemikalie enthalten war, die die Bienen aggressiv machte. Und wieder gerieten die Bienen in Verruf. Dieses Spritzmittel zerstörte einen ausgewachsenen Bergahorn und ein Dutzend Pappeln. Der Eigentümer war darüber nicht erfreut. Dergleichen ist uns öfter als einmal passiert.

Während ich mit meinem Vater arbeitete, fiel auf, dass die Bienen, wenn sie genug hatten, immer mich und nie meinen Vater attackierten. Heute lassen sie mich in Frieden und bedrohen manchmal meine Mitarbeiter. Wenn Imker zusammen ein Volk bearbeiten und beide jahrzehntelange praktische Erfahrung haben, können die Bienen dennoch die Fähigkeiten und das Verhalten der einzelnen Imker beurteilen. Dieses Verhalten wird von den meisten Tieren in der Form erwartet. Aber wir müssen uns vergegenwärtigen, dass es sich hier um Insekten handelt.

(B) Schwärmen

Neubesiedelung eines Gebietes, ein Grundbedürfnis der Bienen

Mir steht der Sinn danach, über das Schwärmen zu sprechen. Das ist ein großes Thema. Der erste Schritt in Richtung Schwärmen findet Ende März statt, wenn die Bienen beginnen ihre benachbarte Umgebung auf leerstehende Beuten zu kontrollieren. Ihr wichtigstes Anliegen ist die Wiederbevölkerung, um die Population auf den vorherigen Stand zu bringen, bevor sie sich in größerer Entfernung ansiedeln. Wenn Bienen schwärmen lassen sie das Altvolk ohne eine legende Königin zurück. Und wenn die Begattung der jungen Königin fehlschlägt, ist das Altvolk verloren und nichts ist erreicht worden. In den ersten Tagen des kommenden Frühlings sind die Bienen des Schwarmes zurück, prüfend, ob mit dem Altvolk alles in Ordnung ist. Mein Vater meinte, dass der Schwarm sich erinnern kann woher er kommt. Er erzählte mir woher er das wusste, doch ich habe es leider vergessen. Er sagte die Bienen hätten ein Gemeinschaftsgedächtnis. Manchmal verloren wir auf festen Standplätzen große Schwärme, was sehr enttäuschend war. Mein Vater meinte: "Sie werden im Frühling zurück sein".

Gewöhnlich stellten wir eine leere Beute genau an dem Standort auf, an dem wir den Schwarm verloren hatten. Und tatsächlich waren die Bienen bei der ersten Gelegenheit zurück. Wenn dieses Volk beiseite gestellt und eine andere Beute an dessen Platz aufgestellt wurde, kam auch der zweite Schwarm, so dass es ihre Leidenschaft wurde zum alten Platz heimzukehren. Zu dieser Jahreszeit wissen die Honigbienen bereits sechs Wochen vor dem eigentlichen Ereignis wohin der Schwarm ziehen wird.

Fluchtschwärme

Scheint die Sonne auf die Beutenfront und ein Südwind weht dabei, hat die Dunkle Biene die Angewohnheit die Beute zu verlassen. Dabei lassen sie das Volk ohne Weiselzellen zurück, woraufhin die verbleibenden Bienen Nachschaffungszellen ziehen müssen. Dies kann nicht als wirkliches Schwärmen bezeichnet werden, da die Bienen keine Vorkehrungen für ein Verlassen eines Teils ihres Volkes aus ihrer Beute getroffen haben. Das hat aber drastische Auswirkungen auf das Volk. Ich kann mich daran erinnern, dass ich an einem sengend heißen Tag Bienen auf einem Stand in der Heide aufstellte. An diesem Tag verließen alle legenden Königinnen zusammen mit den meisten Bienen die Beuten. Ich habe nie herausgefunden wohin sie geflogen sind. Bei einer anderen Gelegenheit habe ich mehrere Ableger in einem unbenutzten Gewächshaus ohne Glas aufgestellt. Wir dachten, dass die Königinnen an solch einem Ort schneller begattet würden - was sich auch bestätigte. Bei der späteren Kontrolle mussten wir feststellen, dass alle begatteten Königinnen ihre Beute auf Grund von hohen Temperaturen verlassen hatten. Dieser Vorgang wird als Fluchtschwarm bezeichnet. *(Anm. der Übersetzerin: Kommt es zu einem Fluchtschwarm, fühlt sich des Bienenvolk in seiner Existenz extrem bedroht und versucht sich durch das Ausziehen aus der Beute zu retten.)* Gelbe Bienen sind nicht annähernd so fluchtgefährdet, sie werden so lange in der Beute ausharren bis die Waben zusammenbrechen. Ich habe davon aus Australien gehört. Waben kollabieren bei 105°F (40,5°C). In diesem speziellen Fall ertranken die Bienen im Honig (300 Völker).

Verfliegen und Volksungleichgewicht

Ich habe mich bereits mit dem Thema „Verfliegen" als einen Hauptgrund für das Schwärmen beschäftigt. Das wiederum ist der Grund für ein Ungleichgewicht im Volk. Der hauptsächliche Grund für das Ungleichgewicht wird durch eine Königin verursacht, die Eier in Erwartung einer Tracht legt, welche dann auf Grund einer Trachtlücke im Juni oder wegen schlechten Wetters nicht eintritt. In dieser Situation sterben die alten Sammelbienen nicht, da nicht genügend Arbeit für sie da ist. Sie arbeiten sich somit nicht ab. Die Jungbienen sind in dieser Zeit überflüssig. Sie sind satt und warten in den Honigräumen auf das Signal zum Abflug. Es ist wahrscheinlich, dass die Jungbienen sich nicht am Ursprungsstandort orientiert haben, so dass ihre erste Orientierung am neuen Standplatz erfolgt. Dies verhindert eine Rückkehr von zu vielen Bienen zu ihrem Altvolk, wenn sie am neuen Standort zu Sammlerinnen werden.

Stellen die Bienen den Wabenbau in ihrer Beute ein, kündigt sich damit für den Imker ihre Schwarmbereitschaft an. Normalerweise schwitzen junge Bienen während einer Tracht Wachs aus, aber in der Zeit der Schwarmvorbereitung ist die Funktion so lange unterdrückt, bis sie ihren neuen Standort erreichen. Auf diese Weise sind sie in der Lage in sehr kurzer Zeit ein neues Brutnest aufzubauen. Ihr unmittelbares Interesse gilt dem Aufbau eines überwinterungsfähigen Volkes. Dies ist ein außergewöhnlich hoch entwickeltes Verhalten. Wenn der Schwarm es wegen schlechten Wetters nicht schafft innerhalb der nächsten Tage eine neue Unterkunft zu finden, wird sich ihre Stimmung von extremer Zufriedenheit in Angst und Unbehagen verändern. Folglich müssen sie sehr auf Sicherheit bedacht sein. Viele Imker, die ihren Schwarm einfingen, wurden dabei unerwartet heftig angegriffen, weil die Bienen hungrig und ängstlich waren, sie hatten nur den Ast an dem sie hingen als Heimat.

Das Volk, welches sein Brutnest während der Saison in Balance halten kann, wird nicht schwärmen. Es schlüpfen genauso viele Jungbienen wie Alte sterben. Manch einer wird denken, dass solche Völker nicht viel Honig eintragen. Aber faktisch haben sie mehr Honig als man erwarten würde. Es wird kein Honig für die Aufzucht von Bienen verbraucht, für die keine Arbeit da ist. Somit braucht es bis zu 100 lb (engl. Pfund = 45,36 kg) in jeder Saison nur damit das Volk überleben kann. Im Jahr 1985 konnte sich kein Volk selbst erhalten.

Wenn diese oben genannten stabilen Völker ein Hochdruckgebiet wahrnehmen, verhindern sie, dass die Königin weiterhin Eier legt und drängen alle Bienen heraus, die für den Sammeldienst fliegen können. Sie engen absichtlich das Brutnest ein *(siehe Anmerkung „Einengung" im Glossar)*, so dass sich die Leistungsfähigkeit des Volkes um 50% erhöht. Lufthochdruck bedeutet leichteres Fliegen, so dass sich die Lebensdauer älterer Sammelbienen verlängert, was die Leistung weiter stärkt. Die Bienen arbeiten auf die bloße Wahrscheinlichkeit hin, dass ein Hochdruckgebiet aufkommt und gute Aussichten für eine gute Tracht bestehen. Im Jahr 2010 konnten unsere Bienen eine große Honigernte eintragen, wobei im Juli der Nektar vermutlich aus extraforalen Nektarien von Laubbäumen gesammelt wurde (kein Honigtau), da wir nirgendwo Blüten finden konnten. Und doch war eine annehmbare Ernte an Wabenhonig möglich.

Die Schattenseite davon ist, dass die vorherige Tracht die Flugbienen stark dezimiert hatte und nach Trachtende brauchten die Völker drei Wochen, um die Ausgangsstärke wieder zu erreichen. Die Königin nimmt ihre normale Legetätigkeit wieder auf und die Völker bereiten sich auf den Winter vor, außer sie werden in die Heide gewandert.

Der Einfluss des Wetters auf das Schwärmen

Wenn sich Bienen mit dem Schwärmen befassen, sind sie sich des damit verbundenen Risikos bewusst. Wenn das Wetter schlecht ist, ändern sie möglicherweise ihre Entscheidung und fressen die Schwarmzellen aus. Denn sie wissen, dass ein Schwarm, der das Altvolk verlässt, verhungern kann. Wenn das Wetter wechselhaft ist, werden sie vielleicht auf Grund von Frustration mit dem Schwärmen fortfahren (Ungleichgewicht). Wenn das Wetter besser als der Durchschnitt ist, werden sie ihre Bemühungen fortsetzen, wissend, dass der Schwarm eine gute Überlebenschance hat. Ist das Wetter beständig und es setzt Tracht ein, erlischt möglicherweise der Schwarmtrieb und sie beginnen hart zu arbeiten. Denn sie wissen, dass sie eine solche Gelegenheit in absehbarer Zeit (Jahre) vielleicht nicht wieder bekommen werden. Es werden jeden Tag Entscheidungen im Volk getroffen. Wobei es auch Momente gibt, in denen sich das Volk nicht einig ist. Ich habe an einem Tag einen Schwarm beobachtet, der seine Beute verließ. Am nächsten Tag flog die Hälfte der Bienen zurück, da sie das Interesse am Schwärmen verloren hatten, insbesondere weil reichlich Nektar zu sammeln war.

Gewohnheitsschwärmer

Zusammengefasst: Schwärmen ist erstens von dem Trieb bestimmt, durch Winterverluste unbesetzte Beuten wieder zu besiedeln. Zweites die Unfähigkeit die Temperatur im Brutnest zu kontrollieren und drittens ein große Brutnestausdehnung mit daraus entstehendem Ungleichgewicht im Volk. Diese Dinge führen zum Schwärmen, sowie auch der Überschuss an Jungbienen die Grundlage des Schwarmes ist. Andere Gründe dafür sind folgende: gewohnheitsmäßiges Schwärmen, wie es bei den niederländischen Korbbienen und der Carnica zu finden ist. Korbbienen waren in ihrer Entwicklung auf den Platz des Strohkorbes beschränkt und mussten leere Körbe aus der vorherigen Saison füllen. Dies war der einzige Weg für die Imker Honig zu ernten, so dass das Schwärmen gewohnheitsmäßig zur Regel wurde. Das war primitives Imkern. Austin Hyde aus den Mooren von Nord York sammelte im September Korbbienen und verschickte sie als Paketbienen an Tom Bradford in Worcestershire. *(Anm. der Übersetzerin: Die Korbimkereien töteten normalerweise einige ihrer Völker mit der Honig- und Wachsernte. Nur wenige von ihnen wurden überwintert, um den Bestand für die nächste Saison zu erhalten.)* Dieser schlug sie in Beuten ein und fütterte sie für den Winter ein. Im Frühjahr wurden die Beuten mit den Korbbienen in Obstplantagen in Kent oder zu anderen Standorten für Bestäubungsdienste gewandert, um dann an Imker verkauft zu werden, die im Winter Völker verloren hatten. Auf diese Weise erfüllten die Korbbienen einen weiteren Zweck. Aus diesen Bemühungen entstand eine Geschäftsidee, die bis in die 1960iger Jahre weitergeführt wurde.

In unserer Imkerei vergrößerten wir anfangs die Anzahl unserer Völker, indem wir Fluglinge erstellten. Obwohl uns der Gebrauch von exzellenten Königinnenzellen möglich war, bedeutete das aber auch, Bienen nachzuziehen die zum Schwärmen neigten. Dies war das genaue Gegenteil dessen, was wir eigentlich erreichen wollten.

Wenn die Bienen nicht mit ihrer Königin einverstanden sind oder sie zu alt ist, weiseln sie möglicherweise still um oder sie ziehen die Möglichkeit in Betracht mit einer frisch geschlüpften, jungen Königin zu schwärmen. Und dann gibt es Bienen, die regelrecht versessen auf das Schwärmen sind, so dass zahlreiche Nachschwärme abgehen. Entweder sie lassen sich überall in der Umgebung nieder, bis sie schließlich vom Herbstwetter eingeholt werden oder sie ziehen in eine Beute ein. Wenn das kleine Häufchen den Winter überlebt, wird es interessanterweise die gleichen Verhaltensweisen wie im vergangenen Jahr zeigen - d.h. Schwarmzellen ziehen, um bei der sich frühestens bietenden Gelegenheit zu schwärmen, ohne den Versuch zu unternehmen etwas Honig einzutragen. Dieses Verhalten stammt möglicherweise aus Urzeiten, in denen kleine Völker im subtropischen Urwald herumzogen, etwas Honig fanden und dann weiterflogen. Unter normalen Umständen wird ein Volk, das eine junge Königin hat, im ersten Jahr nicht schwärmen. Es sei denn das Volk wurde durch andere wie oben erwähnte Faktoren stark beeinflusst. Führt aber die Königin einen Nachschwarm an, wird sie auch im nächsten Jahr schwärmen. Dieses unberechenbare Verhalten stammt aus der Gemeinschaftserinnerung und wird in die nächste Saison übertragen.

Wenn die Bienen während einer Schlechtwetterperiode alle Drohnen behalten würden, brächte sie das nahe an den Hungertod. Somit drängen sie die Drohnen aus dem Volk und vernichten die Drohnenbrut. Als Folge davon werden sie während der Saison nicht mehr schwärmen, die Königin sagt ihnen zu und sie werden diese nicht austauschen. Wenn die Bienen noch nach dem ersten September ihre Drohnen behalten, sind sie unzufrieden mit ihrer Königin oder weisellos.

Feindliche Übernahme

Ungefähr vor vierzig Jahren kontrollierten wir ein Volk und fanden eine von Bienen eingeknäulte Königin, die nicht ganz zu der Färbung des restlichen Volkes passte. Zudem hing dort noch ein kleiner Schwarm (Nachschwarm) nebenan und tatsächlich waren sie so gefärbt wie die Königin. Mein Vater wusste was passiert war. Als wir zurück kamen, war der Nachschwarm während einer Tracht in die besetzte Beute eingezogen und dann mit einer großen Anzahl an Bienen wieder ausgezogen, da sie fest entschlossen waren ihren nomadischen Lebensstil aufrecht zu erhalten. Dies waren Eindringlinge und normalerweise bleiben sie - einmal eingezogen - in großen Völkern und arbeiten, weil sie im Allgemeinen dringend eine Bleibe brauchen. Sicherlich wurde die unbegattete Königin bei ihrem Einmarsch in die Beute abgestochen. Manchmal laufen sie in die Beute und auch die letzte Biene des Schwarms wird im Volk abgestochen und herausgeworfen. Das „Gastvolk" hat damit seine Meinung geändert. Das Bild was sich dem Imker bietet, lässt ihn einen Spritzschaden vermuten.

Jedes Honigbienenvolk hat einen individuellen Charakter, einige werden ihre Beute eher verteidigen, andere sind mehr entgegenkommend. Ich habe von Bienenvölkern gehört, die Wespen einließen. Die meisten von ihnen hatten importierte Königinnen (Mangel an Instinkt?). Dies alles hängt von der Intensität der Tracht ab und der Wesensart des überfallenen Volkes. Eindringlinge können nur während einer guten Tracht erfolgreich sein. In ein Volk eindringen, die Königin abstechen, die eigene Königin hereinbringen und dann, die Arbeitsbienen bereits beeinflusst, mit einem großen Schwarm davonfliegen ist ein cleveres und listiges Verhalten. Ich hatte dies vergessen, dass es so etwas gibt, bis ich darüber einen Artikel im American Bee Journal (amerik. Bienenzeitung) gelesen habe. Ich befürchte, dass es noch viele andere Dinge in der Bienenhaltung gibt, die ich infolge des kommerziellen Drucks vergessen habe - weshalb ich in diesem Buch alles aufschreibe.

Eine unübliche Methode mit Schwärmen umzugehen

Wir waren gut befreundet mit Stobies', die eine kleine Imkerei in Lilliesleaf hatten. Sie produzierten nur Klee-Wabenhonig und hatten ungefähr vierzig Völker inmitten eines Viehzuchtbetriebes. Die Jahreszeit hatte sich nach hinten verschoben und die Schwarmzeit fiel in die Haupttracht. Diese Leute waren Schafzüchter und der Vater hielt während der Mittagszeit Ausschau nach Schwärmen und fing sie ein. Am Abend verteilte er die Schwärme auf die in Reihe aufgestellten Völker unabhängig davon woher sie kamen. Alle Völker waren mit der Reifung des Honigs beschäftigt und hießen ein paar tausend Bienen auf dem Anflugbrett bereitwillig willkommen. Diese Übung wurde täglich wiederholt bis kein Schwarm mehr abging. Da das Jahr schon bis in den Juli fortgeschritten war, blieben die Bienen ihrer guten Trachtquelle treu und akzeptierten diese Bearbeitungsweise. Es war ziemlich normal, dass ein Volk hundert Stücke Klee-Wabenhonig produzierte. Völker mit einer legenden Königin entwickelten sich gut. Völker ohne legende Königin mit einer großen Bienenmasse, hatten keine Brut zu versorgen und konnten so eine entsprechend höhere Honigernte eintragen. Stobies konnten diese Betriebsweise nur solange fortsetzen, bis künstlicher Stickstoff auf den umliegenden Feldern ausgebracht wurde. Dieser fördert das Graswachstum und verdrängt damit den Klee. Diese Art zu Imkern kann ich nicht empfehlen, obwohl - wie eben erwähnt - sie vorkam und auch sehr erfolgreich war.

Randbemerkung:

Ungeachtet der oben ausgeführten Beschreibungen zur Komplexität des Schwärmens und des hoch entwickelten Verhaltens der Bienen ist es zwingend notwendig, dass diese Aktivität erfolgreich ist. Möglicherweise hat sich das Schwärmen in den letzten Jahren verändert und einige Honigbienen wissen nicht mehr wie sie vorgehen sollen. Ich vermute, dass Schwärme mit nicht lebensfähigen Königinnen umherfliegen. Das hat es bislang nie gegeben. Honigbienen sind abhängig von Hochdruckphasen (beständiges Wetter), um erfolgreich zu sein. Bei unbeständiger Witterung können sie keine großen Entfernungen zurücklegen, ohne dabei ihre Energiereserven aufzubrauchen. Genauso werden sie so lange nicht über das Schwarmgeschehen hinwegkommen wie sie überzeugt sind, dass das Wetter für ihr Vorhaben annehmbar ist.

(C) Fluglinge

Um einen Flugling zu erstellen, wird die legende Königin in eine neue Beute ohne Brutwaben eingehängt. Diese wird aber auf dem alten Bodenbrett und dem bisherigen Standplatz aufgestellt. Wenn Mittelwände für die neue Beute verwendet werden, ist es unbedingt notwendig die zwei Randwaben aus dem alten Brutraum in der Mitte der

Mittelwände einzuhängen. Dabei muss auf absolute Brutfreiheit der Waben geachtet werden. Somit kann die Königin sofort mit der Eiablage auf ihren eigenen Waben beginnen.

Als nächstes müssen das Absperrgitter und die Honigräume auf die Beute aufgesetzt werden. Über die Honigräume wird ein Zwischendeckel eingelegt, der ein schwenkbares Flugloch zur Rückseite und ein für diese Maßnahme fest verschlossenes Futterloch hat. Darauf wird der alte Brutraum mit allen (Brut-)Waben und Bienen aufgesetzt. Hier ziehen sich die Bienen neue Weiselzellen. Wenn diese Weiselzellen voll entwickelt und verdeckelt sind, kann der obere Brutraum auf ein neues Bodenbrett zwei bis drei Meter entfernt aufgestellt werden. Die Flugbienen fliegen alle zurück und finden einen Weg in den unteren Brutraum (Flugling), indem dieser vorsichtig auf dem Bodenbrett nach vorne geschoben wird, so dass ein weiteres Flugloch an der Rückseite entsteht. Dieses rückwärtige Flugloch kann nach ein paar Tagen verschlossen werden.

Ein natürlicher Schwarm hat keine Brut. Folglich sollte auch ein Flugling keine Brut haben, um dem normalen Verhalten eines Schwarms möglichst nah zu kommen.

Ich möchte dieses Thema noch ausführlicher darlegen. Wenn eine Brutwabe mit aufsitzender Königin in den neuen Brutraum eingehängt wird, wie in manchen Büchern empfohlen, sind die Bienen eher geneigt ihre Schwarmlust weiterzuführen. Oder sie verschieben die Initiative und schwärmen ein oder zwei Wochen später. Damit haben sie etwas Zeit gewonnen und entscheiden sich möglicherweise ihre Arbeit zufriedenstellend weiterzuführen, obwohl sie eine Brutwabe besitzen. In dieser Jahreszeit gibt es viele Faktoren, die die Bienen beeinflussen. Jedes Volk reagiert anders. Aber wenn sich ein Volk entschlossen hat zu schwärmen, bleibt nur die Möglichkeit die legende Königin aus dem Altvolk komplett von der Brut zu trennen.

In Fachbüchern wird empfohlen die Brutwabe mit aufsitzender Königin zu entnehmen, so dass der Imker die Königin nicht anfassen muss. Die Königin von der Wabe abzunehmen und in eine neue Beute mit Waben zu setzen ist nicht einfach. Denn nimmt die Königin wahr, dass sie das „Objekt der Begierde" durch den Imker ist, beginnt sie schnell über die Wabe zu laufen. Ist der Zeitpunkt des Ausschwärmens fast erreicht, hat die Königin an Gewicht verloren, um eine größere Strecke fliegen zu können. Das geringe Gewicht ermöglicht ihr nun auch schneller als üblich zu laufen. Manchmal ist es einfacher, zwei Waben aus der neuen Beute zu entfernen und die Wabe mit aufsitzender Königin und Bienen in dem entstanden Zwischenraum (Wabengasse) abzuschlagen. Ein Anstoßen ist dabei zu vermeiden. Anschließend werden die beiden Waben schnell wieder eingehängt, das Absperrgitter aufgelegt und die Honigräume aufgesetzt, damit es in der Beute schnell dunkel wird. Es ist ein Irrtum zu glauben, die Königin würde eher in der Beute bleiben, wenn sie mit einer Brutwabe hineingesetzt wird. Es bewirkt eher, dass sie die neue Beute verlässt. Eine Randbemerkung sei erlaubt: vereinzelt wird eine Königin beim Abfangen nach einer Verfolgungsjagd ohnmächtig oder sie stellt sich tot. Auch große schwarze Käfer, die häufig den Zwischendeckel bewohnen, stellen sich regelmäßig tot, wenn der Deckel von der Beute entfernt wird. Sie sind keineswegs dumm. Man findet keine Ohrwürmer oder andere Mitbewohner, wenn sich diese Käfer dort aufhalten.

Des Weiteren ist der oben beschriebene Arbeitsschritt ein guter Zeitpunkt der Königin einen Flügel zu schneiden - wenn dies nicht schon vorher durchgeführt wurde. Wir haben unsere Königinnen nie gezeichnet, da mein Vater dieses Vorgehen als einen unnötigen Eingriff ansah. Nach genauerem Nachdenken würde ich wahrscheinlich zustimmen. So verwendeten wir sehr viel Zeit darauf Königinnen zu suchen. Gewöhnlich fanden wir sie, indem wir in die durch die Entnahme einer Wabe entstandene Lücke auf die Seite der nächsten Wabe schauten.

Ein vom „Bienenvirus" befallener Landwirt rief eines Tages meinen Vater an, er habe eine jungfräuliche Königin im Volk gefunden und ihr den Flügel geschnitten. Mein Vater meinte daraufhin, was er vermutet, wie die Königin begattet wird. Der weitere Verlauf dieses Gesprächs wurde nicht überliefert!

Die Schwarmbienen

Es ist erforderlich, dass die Honigräume auf die neue Beute, also den Flugling aufgesetzt werden, da in ihnen die satten Jungbienen sitzen, die ihr Honigblase mit Honig gefüllt haben, um die Beute zum Schwärmen zu verlassen. Und gerade diese Schwarmbienen sind es, die den Schwarm während der Zeit aufrechterhalten. Denn sie müssen die sterbenden Flugbienen, die den Schwarm begleitet haben, ersetzen und ausharren, bis die neue Generation geschlüpft ist und die Aufgaben im Stock übernehmen kann. Die Schwarmbienen sitzen in den Honigräumen des Altvolkes, sind gut versorgt, arbeiten nicht und verlängern damit ihre Lebenserwartung. Wenn sie dann in ihrer neuen Behausung oder einer neuen Beute ankommen, werden sie innerhalb weniger Tage neue Waben im Brutraum ausbauen. Sie tragen den dafür notwendigen Honig (Energie) in ihren Honigblasen. Werden die Honigräume abgenommen und dann aber auf den etwas entfernt stehenden Original-Brutraum gesetzt, wird es für den Flugling unmöglich die richtige Schwungkraft beizubehalten, um das Brutnest weiter auszubauen.

Es ist wichtig die ursprüngliche Brut auf einen Zwischendeckel über die Honigräume zu setzen. Die Wärme, die durch die Aktivität in der unteren Beute entsteht, hilft den Ammenbienen in der oberen Originalbeute beim Wärmen der verdeckelten Zellen, sowie bei der Versorgung der nicht unbeträchtlichen Menge an offener Brut. Willie Smith und andere Imker hielten sehr starke Völker, indem sie die Bruträume wie oben beschrieben aufsetzten und sich die Wärme des unteren Volkes zur Aufzucht der Brut oben zu Nutze machten. Der Leser mag bemerkt haben, dass die Bienen in schlechten

Jahren der Wärme nach oben in die Honigräume folgen. Dabei lagern sie den Honig schornsteinförmig ab, immer der höchsten Temperatur folgend. Dies ermöglicht es den Bienen den Honig während des Winters einfach zu erreichen. Ganz schön clever.

Wenn die Brut des schwarmtriebigen Volkes einige Meter weiter an einen neuen Standplatz aufgestellt wird, werden die Bienen, die möglicherweise zu einem zweiten Schwarm beigetragen hätten, in das Flugloch an der Rückseite der Beute in den Flugling hineinfliegen. Dies erleichtert es dem Imker die Weiselzellen im Original-Brutraum bis auf eine auszubrechen. Es ist gut, die Bienen möglichst wenig zu stören. Und sollte ein kleiner Nachschwarm abgehen - sei's drum.

Erfahrung

Mein Vater und ich machten über die Jahre tausende Fluglinge. Etwa fünfundachtzig Prozent davon waren erfolgreich. Würden wir dieses Verfahren heute anwenden, könnten wir froh sein, wenn wir diese Erfolgsquote erreichen würden, weil die Bienen eher bereit sind ihre Königin zu beseitigen. Wenn der Flugling misslingt, weil die Königin nicht mehr vorhanden ist, ist es ein Leichtes einen Drei-Waben-Ableger am gleichen Standplatz zu bilden. Dafür belässt man eine Wabe mit einer Weiselzelle in der Beute auf dem alten Standplatz, aber ohne offene Brut. Die restliche Brut wird in einer neuen Beute zwei- bis dreihundert Meter entfernt aufgestellt. Es ist immer besser zwei kleine Einheiten zu erstellen, falls dann eine der Königinnen nicht begattet wird, besteht immer noch die Möglichkeit diese zu vereinigen. Für den Imker ist es wichtig Nachschaffungszellen (nur eine oder gelegentlich auch zwei) zu erkennen. In dem Fall sind keine weiteren Maßnahmen zu ergreifen.

Es ist sinnvoller einen Flugling mit einer jungen und fruchtbaren Königin zu bilden, als mit einer alten (ausgefranste Flügel), denn diese würde das nächste Jahr nicht erleben. Ein schneller Blick auf die Brutnestanlage entscheidet über die Qualität der Königin.

Gründe für Fehlschläge

Imker fragen, warum die Bienen nach erfolgreichem Erstellen eines Fluglings wieder starten und neue Weiselzellen ziehen. Dies ist äußerst ungewöhnlich. Möglicherweise möchten die Bienen ihre Königin ersetzen. Andere Gründe kann ich nur vermuten. Ein amtlich bestellter Imker, der in dem Gebiet um Newcastle Schwärme einfängt, erzählte mir, dass sieben von vierzehn eingefangenen Schwärmen keine brauchbare Königin besaßen. Warum würden Bienen schwärmen und nach einer neuen Bleibe Ausschau halten, wenn ihre Königin nicht lebensfähig wäre? Dies ist ein irrationales Verhalten und eigentlich reagieren Bienen immer angemessen, so wie es in der Vergangenheit der Fall war.

Wenn das Volk davon überzeugt wäre, dass ihre Königin den nächsten Winter nicht überlebt, würden sie ihre Beute nicht verlassen. Die Bienen würden warten bis eine junge Königin geschlüpft wäre, um dann mit ihr auszuschwärmen. Es ist sehr besorgniserregend festzustellen, dass unsere Bienen scheinbar nicht mehr wissen was sie tun. Somit wird die erfolgreiche Bildung eines Fluglings heute immer schwieriger, einfach weil die Bienen anscheinend ihre Königinnen nicht mehr akzeptieren. Ich empfinde dies als ziemlich alarmierend und ich vermute einen Einfluss durch Chemikalien, weiß es aber nicht.

Andere Gründe für Fehlschläge

Wenn sich Bienen an ihrem Standort nicht wohl fühlen, verursacht durch starke Sonneneinstrahlung und fehlende Belüftung, sind sie anfällig für wiederholtes Schwärmen. Dies trifft vor allem für die Dunkle Biene zu. Ansonsten kann eine Instabilität innerhalb des Volkes vermutet werden, die durch eine Kreuzung zwischen importierten und lokalen Bienen entsteht. Wenn ein Bienenvolk mit den Klimaverhältnissen und der Gegend in der es lebt nicht mehr zurechtkommt und es andere Unregelmäßigkeiten aufweist, wie die fehlende Widerstandskraft gegen Krankheiten, tritt es eine langwierige Phase der Selbstbestimmung an, um sich wieder auf Kurs zu bringen. Für seine Existenz ist dies dringend notwendig. In diesem Fall glaube ich, dass die Bienen aus notwendigen Verhaltensänderungen lernen und sich daran erinnern, um so eine maximale Überlebenschance gewährleisten zu können. Außerdem werden sie jede Gelegenheit nutzen, um rasch einen Weg zurück zur Normalität zu finden. Und demnach finden wir Fluglinge, die ein zweites Mal in einer Saison Weiselzellen ziehen. (Instabilität)

Ich vermute, dass das ungewöhnliche Verhalten der Bienen im April zu schwärmen und dies im Juni möglicherweise zu wiederholen auf den Einfluss von Chemikalien zurückzuführen ist, große Entfernungen bei Wanderungen zurückgelegt werden oder auf dem unterschiedlichen Grad an Inzucht beruht. Ein guter Königinnenzüchter kann Königinnen ziehen, die für die Honigproduktion in Großbritannien gut geeignet sind. Aber sie werden nicht mit der Fähigkeit der Honigbienen mithalten können, ihre Genetik so an die Umwelt anzupassen, dass sie auch noch in einem Jahrhundert oder einem Jahrtausend da sein werden. Bienen passen sich ebenso dem Arbeitsstil des Imkers über einen Zeitraum von etwa dreißig Jahren an. Wenn sie mit Rücksicht behandelt wurden, werden sie sich dementsprechend verbessern. Imker mit einer groben Handhabung provozieren einen Völkerverlust in einem harten Winter oder einen Zustand, in dem die Bearbeitung schwierig wird (Aggressivität), bis ein anderer Imker diese Völker übernimmt. Wenn die Völker aber einmal von einem guten Imker betreut wurden, passen sie sich nicht bereitwillig an einen anderen Halter an.

*Ein Heide-Standplatz bei Primrose Cottage in der Nähe von Rothbury,
Northumberland. Das Anwesen gehört der Familie Armstrong, die
Industrielle aus Tyneside im späten 19. Jahrhundert waren.*

(D) Produktion von Heidehonig

Heidestandorte

Erfahrungsgemäß variiert der Zeitpunkt der Besenheide- Blüte zwischen dem 27. Juli und dem 21. August, in Abhängigkeit vom Wetter während der Wachstumsphase. Trockenheit verschiebt das Datum nach vorne in den Juli und die Tracht ist manchmal schon am 12. August vorüber. Dies ist das traditionelle Datum, an dem die Bienenvölker in höhere Lagen gebracht werden und an dem die Moorhuhnjagd beginnt *(Anm. der Übersetzerin: „Glorious 12th August" ist der Tag, an dem die Moorhuhnjagd in Großbritannien beginnt)*. Völker an einem perfekt geschützten Standort aufgestellt, erhöhen die Chance auf eine gute Honigernte. Solche Plätze liegen oft in einer Senke, in der es immer windstill ist. Es erfordert viel Zeit solche Plätze ausfindig zu machen, zumal dies der einzige Weg ist, um auch bei anhaltend schlechtem Wetter eine Ernte zu erzielen. Normalerweise neigen die Bienen dazu ihr Brutnest auszudehnen. Wohingegen sie dieses bei ungeschützten Standplätzen einschränken und den Brutraum mit Honig füllen. Das führt zu einem Mangel an jungen Bienen im folgenden Frühling.

Einige von Ihnen, besonders in Schottland, werden sich an „Steele and Brodie" und vielleicht an Nathaniel Grieve in Edinburgh erinnern *(Anm. der Übersetzerin: Firmen für Imkereibedarf)*. Beide produzierten „Heide - Bodenbretter". Sie waren so konstruiert, dass die Bienen auf Bodenhöhe (das ist wichtig) in die Beute liefen. Ein schräges Brett im Bodenbrett leitete sie durch einen schmalen Schlitz an der Rückseite in eine zweite Etage unmittelbar unterhalb der Bruträhmchen. Das normale Flugloch war vollständig abgeschirmt, so dass keine kalte Luft in die Beute eindringen konnte. Ich bearbeitete einmal Beuten, die mit Kaukasischen Bienen besetzt waren. Sie hatten einen regelrechten Propolis-Vorhang zum gleichen Zweck an der Fluglochseite der Beute errichtet (Propolis - pro polis bedeutet „vor der Stadt"). Im Jahr 2011 konnten wir feststellen, dass sich die Völker, die in perfekt geschützten Lagen aufgestellt waren, gut entwickelten, während andere an weniger guten Standplätzen absolut keinen Honig einbrachten. Soviel zur Überlebensstrategie des Bienenvolkes.

Ungünstige Standorte in der Heide sind auch der Grund für einen hohen Anteil an Weisellosigkeit im kommenden Frühjahr. Viele Völker versuchen ihre Königin vor dem Winter während der Heidetracht auszutauschen (stille Umweiselung). Ist der Platz ungeschützt, werden die Königinnen nicht ausfliegen, um begattet zu werden. Extrem windgeschützte Standplätze sind in der Heide von überragender Bedeutung.

Wenn ein Standplatz ausgesucht wird, ist es besonders wichtig über eine mögliche Überschwemmung nach einem Regenguss nachzudenken. Ich habe dadurch einmal zwanzig Völker verloren. Einige davon konnte ich finden, andere landeten Kilometer weit weg. Mein Vater erzählte mir, dass während der Flut von 1947 einige Bienenvölker gegen die Brücke, die über den Fluss Whiteadder in Berwickshire führt, krachten. Nicht viel später brach auch die Brücke zusammen.

*Die Imker Stephen Robson und Joth Hankinson bei der Wanderung der Bienenvölker
in die Heide im Debdon Moor in der Nähe von Rothbury, Northumberland. Sie
benutzen eines der Spezialanfertigungen des Ibex Truck, welche wir besitzen. Wir
verwenden einen Vierrad - und einen Sechsradantrieb, alle beide mit Differentialsperre,
um sicher zu stellen, dass die Fahrzeuge nicht im Schlamm stecken bleiben.*

Die Betriebsweise in der Heide

Wenn die Bienen in die Heide gewandert werden, gehen viele Trachtbienen verloren, weil sie sich beim Ausfliegen in einer ungewohnten Umgebung wiederfinden. Wenn ein Volk diese Bienen unter normalen Umständen verliert, wird es sein Brutnest ausdehnen, um die Anzahl an Bienen auszugleichen. In der Heide wird das mitunter genau zum gegenteiligen Verhalten führen und das Volk bereitet sich auf den Winter vor. Sie finden sich an einem minderwertigen Ort wieder und mit dem bevorstehenden Winter machen sie die Schotten dicht, indem sie jeden Honig, den sie eintragen können, im Brutraum ablagern. Wenn solche Völker zu lange in der Heide belassen werden und dann einen schlechten Winter überstehen müssen, sind sie im Frühling nicht mehr am Leben. Dies ist ein allgemeines Problem in ganz Schottland. Wenn sie auf einen hervorragenden Überwinterungsstandplatz kommen, werden sie sich meist erholen und sich gut entwickeln. Die Produktion von Heidehonig erfordert einen guten Zustand der Bienenvölker genau zu dem Zeitpunkt, an dem die Heideblüte auf ihrem Höhepunkt (fliegender Blütenstaub) und das Wetter gut ist. Das ist ein hoher Anspruch und das erklärt, warum Heidehonig so teuer ist. Noch eine Anmerkung: Der Blütenstaub der Heidepflanzen fliegt auf, wenn man die Pflanzen schüttelt.

Verflug und Räuberei

Wie bereits vorher erwähnt, kann Verflug ein Problem während der Heidetracht werden. Zunächst fliegen die Bienen in die höchste Beute oder in die am Ende der Reihe. Wenn die Heide direkt vor der Beute und nicht um die Ecke honigt, können einige Völker die Bienen aus den Nachbarvölkern so beeinflussen, dass sie jede Menge Honig bei ihnen ablagern. Ich bin mir nicht sicher, ob dieser Einfluss schon beim Anflug ausgeübt wird oder erst auf dem Anflugbrett. Einige Völker sind wahrscheinlich durchsetzungsfähiger und wissen, dass ein wenig Räuberei ohne Gewalt recht nützlich sein kann, um über den Winter zu kommen. Ich nehme genauso an, dass die Kommunikation auf Duftstoffen beruht. Bei einer Diskussion zwischen meinem Vater und Willie Smith im Jahr 1963 wurde zwar klar, dass so etwas stattfand aber nicht wie. Sie waren nicht sicher, welche Methode von den Räuberbienen angewandt wurde. Sie erwähnten ebenso, dass die Besenheide ihr Optimum der (Nektar-)Honigproduktion im Alter von drei Jahren erreicht. Gegenwärtig bringen wir Bienen in die Heide, die 15 Jahre alt ist, da den Eigentümern untersagt wurde die Heide abzubrennen.

Schutz und Bewirtschaftung der Heidemoore

Im Lauf meines Lebens ist ungefähr die Hälfte der Besenheide im Norden durch Nutzbarmachung und Forstwirtschaft zerstört worden. Einige Ländereien die urbar gemacht wurden, waren so mager und ertragsarm, dass die Landwirte ihr Geschäft aufgeben mussten, um die Investitionskosten zurückzuzahlen. Besser wäre es gewesen, die Heide stehen zu lassen. Als ein großer Ansturm auf die Forstwirtschaft in den 1970iger Jahren stattfand, wurde die Besenheide als nutzlose Pflanze angesehen und an ihrer Stelle Bäume in großer Zahl gepflanzt. Damit wurden große Flächen Moorlandschaft und Lebensraum vernichtet. Bäume sollten unter Berücksichtigung ihres natürlichen Lebensraums und der Artenvielfalt gepflanzt werden, so dass sie, wenn sie schlagreif wären, einen Nutzen erbracht hätten und das Holz einen Wert hätte. Und außerdem müssen die Bäume gepflegt und ausgedünnt werden und das bedeutet harte Arbeit.

Der Staat, vertreten durch „Natural England" *(Anm. der Übersetzerin: „English Nature" war eine staatliche Behörde, die in der Zeit von 1990 bis 2006 für Arten - und Naturschutz zuständig war. Sie wurde dann mit anderen Behörden zusammengelegt und nennt sich nun „Natural England". Sie setzt sich ebenfalls für den Umweltschutz ein)* muss nun verwalten, was von unseren Heidemooren übrig gebliebenen ist. Und da die Behörden nicht die geringste Ahnung davon haben was sie tun, fürchte ich um die Zukunft dieser prächtigen Pflanze. Die Bearbeitung der Heidemoore und der dazugehörigen Schafhaltung sind seid 1000 Jahren bekannt und ihre Ausübung ist in Stein gemeißelt. Heutzutage wimmelt es von Leuten mit Theorien an den Universitäten, die es besser wissen als unsere Vorfahren. Dabei verwenden sie Geld, welches nicht existiert, mit Unterstützung unserer Freunde in Brüssel. Besenheide muss regelmäßig abgebrannt werden, um zu gedeihen. Die Periode zwischen zwei Bränden entspricht der Lebenserwartung eines Schafes - ungefähr 6 Jahre. Gegenwärtig wird die Schafzucht umgestellt, Schafzüchter werden überflüssig - und das auf Anweisungen der Regierung. Dies ist ein Skandal! Damit werden Lebensgemeinschaften und Fertigkeiten zerstört und es entsteht ein irreparabler Schaden.

Willies Sohn Stephen bei der Bearbeitung der Bienen in der Heide
bei Thrunton Crag in der Nähe von Whittingham.

Willies VW Pick-up aus dem Jahr 1966 und im Hintergrund das erste
Honighaus, in dem er und sein Vater die Imkerei aufbauten.

Willie mit dem Nachfolgemodel eines VW-Pick-up (1980iger Jahre)
und einer beachtlichen Honigernte für Scheibenhonig.

(E) Betriebsweise während des Winters

Im Winter 2012/2013 gab es einige Besonderheiten in der Imkerei deren Einzelheiten nicht in Vergessenheit geraten sollten. Obwohl es eher unwahrscheinlich ist, dass viele Imker und insbesondere Berufsimker dieses Ereignis vergessen werden. Seitdem erleben wir in Großbritannien eine bemerkenswerte Wende. Der Imker ist wieder im Stande eine sehr gute Honigernte zu erzielen und die Bienen schaffen es auf Grund von guter Ernährung ihre Volksstärke sehr schnell zu steigern.

In Fachzeitschriften, vor allem im „Schottischer Imker" (Scottish Beekeeper) sehe ich sehr oft Anfragen zum Thema Winterverluste und es kann interessant sein die Hintergründe dieser Probleme erneut zu überprüfen. Während des Sommers 2012 war ein sehr großes Gebiet Großbritanniens durch Tiefdruckgebiete beeinträchtigt. Diese zogen wochenlang in einem Zyklus von etwa 48 Stunden vom Atlantik herein und waren von heftigen Regenfällen begleitet. Die daraus resultierende Mangelernährung der Bienenvölker veranlasste die Königinnen die Eiablage über einen langen Zeitraum einzustellen. Das Bienengemisch in den Völkern bestand folglich nur noch aus Altbienen, die keine Chance hatten sich und das Volk durch jeglichen Winter zu bringen, geschweige denn durch den Winter von 2012/2013. In der Schwarmzeit ist genau die gegenteilige Situation anzutreffen. In den Völkern herrscht dann ein Überschuss an Jungbienen. Der einzige Weg, der aus oben beschriebener Situation herausführt, ist die Bereitstellung von Jungköniginnen, die im August in die Völker eingeweiselt werden, um den Völkern so die Möglichkeit zu geben noch vor der kritischen Zeit des Wintereinbruchs beträchtliche Brutflächen anzulegen. Im Jahr 2012 gestaltete sich die Begattung der Königinnen als sehr schwierig, aber ich erinnere an den Winter 1985/1986. Andrew Scobbie schaffte es alle seine Völker durch diese schwierige Phase zu bringen, indem er eine leistungsfähige, regionale Linie der Dunklen Biene hielt, die er vor der Wanderung in die Heidetracht mit Jungköniginnen versorgte. Vor kurzem hat John Whent in N. Yorkshire diese Methode angewandt und er - und zweifellos auch viele andere Imker - konnten damit die Winterverluste reduzieren. Alternativ dazu erscheint es sinnvoll einige Ableger zu überwintern, um Verluste im Frühjahr auszugleichen. Im Idealfall werden dafür Styroporbeuten benutzt, denn eine Besonderheit des Winters 2012/2013 war der fortwährende Wind, der hauptsächlich aus dem Nordwesten über das Land wehte. Wobei wir auch 5 Wochen Nordostwind im März und April hatten. Während des gesamten Zeitraums versuchten die Bienen die Temperatur in der Beute soweit aufrechtzuerhalten, um das Brutgeschäft weiter fortzusetzen. Leider führte der starke, anhaltende Wind die gesamte Wärme davon, so dass es für das durch den Verlust von Altbienen bereits geschwächte Bienenvolk unmöglich wurde die Kurve zu kriegen und wieder in Schwung zu kommen. Dies unterstreicht die Wichtigkeit von windgeschützten Bienenständen ohne dabei die Sonne abzuschirmen. Genauso muss für eine gute Isolation von oben über der Bienentraube gesorgt werden.

Um das Eindringen des Windes in das Flugloch zu vermeiden, engen wir die Fluglöcher an den Beuten ein. Es muss gesagt werden, dass langanhaltender Nordwind ein Volk vernichten kann, selbst wenn es ein sehr gutes Volk ist. Dieses Jahr kam der Wind aus dem Süden, was sehr ungewöhnlich ist. Des Weiteren stellen wir jedes Volk einzeln auf dicke, schwere, isolierte Dachplatten (Reststücke). So sind sie vor dem kalten und feuchten Untergrund geschützt und der Wind hat keine Möglichkeit unter die Beute zu gelangen. Da die Bauunternehmen diese Dachplatten nicht loswerden, sind sie kostenlos erhältlich. Ein weiterer Grund für Völkerverluste während eines schlechten Frühjahrs, vor allem in landwirtschaftlich genutzten Gebieten, ist das Bestreben der Bienen, Pollen in den benachbarten, meist in einer Meile (1,6 km) Entfernung gelegenen Dörfern zu sammeln. Auf Grund dessen bleiben viele Sammlerinnen auf dem Weg zurück zum Stock auf der Strecke und die Völker schrumpfen. Wenn die Königinnen solcher Völker fruchtbar sind, werden sie den Bienenverlust überstehen. Aber die Völker der Dunklen Bienen verhalten sich zurückhaltender und werden immer schwächer. Dies ist ein rein physisches Problem. Wie wir zu unserem Leidwesen herausgefunden haben, wird ein großer Fluss oder eine Hauptverkehrsstraße die gleichen Probleme verursachen. Früher einmal standen die Völker in den Dörfern, so dass die Sammlerinnen nur einen kurzen Weg zum Pollensammeln zurücklegen mussten. Die Völker wurden in geschützten und eingezäunten Gärten auf erhöhte Stände (1 Fuß (30 cm) über dem Boden) aufgestellt. Jede Beute erhielt ein großes, langes Anflugbrett, so dass die Bienen die Beute bei der Rückkehr zum Stock nicht verfehlen konnten. Diese Anflugbretter dienten einem weiteren Zweck. Während des Sommers stieß der Imker einen Schwarm an das untere Ende des Anflugbrettes und die Bienen bildeten eine Prozession zurück in die Beute. So konnte der Imker die Königin leicht entdecken und sie abfangen. Danach wurde eine Schwarmzelle im Altvolk belassen und theoretisch lief ab dem Zeitpunkt alles glatt. Manchmal ging ein riesengroßer Nachschwarm ab, der sich hoch in einem Baum sammelte. Dies führte beim Imker zu großer Frustration. Das Altvolk war dann in dieser Saison für die Honigproduktion unbrauchbar und häufig auch noch weisellos. Solche Bienenvölker waren regelrecht versessen darauf zu schwärmen und man konnte dem nicht entgegenwirken.

Ungefähr in den letzten zehn Jahren wurde offensichtlich, dass Bienenvölker während des Winters ohne ersichtlichen Grund zusammenbrachen. Mit hoher Wahrscheinlichkeit sind diese Verluste durch Sekundärinfektionen, übertragen von der Varroamilbe, eingetreten. Und obwohl die Milbe in einem annehmbaren Ausmaß beherrscht wird, kommt es vor allem in Nordengland und Schottland in besonders schwierigen Wintern zu Verlusten. Vor allem nach einem schlechten Sommer häufen sie sich - und wir mussten im letzten Jahrzehnt viele davon verzeichnen. Meines Wissens sagte Bernhard

Mobus, ein angesehener Bienenzuchtberater, „Wenn einmal die Varroamilbe in Schottland auftaucht, wird es schwierig werden die Völker zu überwintern." Und so ist es eingetreten. Meines Erachtens würde die Einweiselung einer jungen Königin in jedem Jahr dazu beitragen das Virusproblem zu beseitigen. Dabei kommt es auf die Vitalität und den Überlebenswillen des Volkes an. Bei meinem Vortrag in Dingwall letzten August berichtete ein sehr bekannter Imker von Bienenvölkern im Nordwesten Schottlands bei Dundonnel. Unter anderem erzählte er von einem Volk mit einer Zuchtkönigin in ihrem vierten Lebensjahr, vielen wilden Bienenvölkern in dieser Gegend und vielen gesunden Drohnen. Zu erwähnen ist, dass es dort keine Varroamilbe oder den Einsatz von Pestiziden gibt. Ich war erfreut dies zu hören, aber leider bringt uns das bei der Fragestellung, warum das frühzeitige Versagen der Königin so weit verbreitet ist, nicht weiter. Ist die Varroose die Ursache oder sind es Chemikalien oder sogar beides. Als Gastdozent lohnt es sich immer genau hinzuhören, wenn die ansässigen Imker etwas erzählen, um dann die relevanten Informationen herauszufiltern. Dies und die scharfsinnige Beobachtung waren übrigens die Dinge wie mein Vater das Imkern lernte.

Ein anderer Imker erzählte mir, dass eine seiner Königinnen während des Monats Juli/August für ein paar Wochen eine Brutpause eingelegt hatte, so dass die Menge an Jungbienen zum 1. September gering war. Dies ist der Hauptgrund für das Völkersterben im folgenden Winter im ganzen Land.

Erreicht man den September mit Völkern die hauptsächlich mit Altbienen besetzt sind, haben sie nur dann eine Überlebenschance, wenn sie auf Überwinterungsplätze gebracht werden, wo sie sich wohlfühlen und wo sie mit Futterteig gefüttert werden können. Der Futterteig regt sie zu weiterer Bruttätigkeit an. Einem Fachbeitrag zu Folge ist die Fütterung mit Futterteig schlecht für die Bienen, was sehr gut zutreffen kann. Aber sicherlich verhilft es den Völkern nach einem schlechten Sommer zu neuem Schwung. Dann gibt es wiederum einige Standplätze auf denen die Bienenvölker unabhängig von ihrer Verfassung gut durch den Winter kommen und selbst die Viruserkrankungen beeinträchtigen sie nicht. Also: Junge Königinnen im Juli oder Futterteig im August und ein perfekter Überwinterungsplatz, sowie Bienen die hoffentlich angepasst sind. Auf einem weniger idealen Standplatz ist der Verlust von Völkern höher, da benachbarte Völker untereinander kommunizieren, selbst mitten im Winter. Wenn ein Volk zusammenbricht wird auch das benachbarte Volk innerhalb einer Woche zugrunde gehen. Der Überlebenswille hat dann seinen Tiefpunkt erreicht. Letztlich war ich sehr überrascht in einem Forschungsbericht aus Amerika zu erfahren, dass während des Winters Empathie zwischen benachbarten Völker besteht, woraus Colony Collaps Disorder folgt (Bienensterben). Wir wussten das schon seit langer Zeit, ohne jegliche Forschung.

Auf Grund der schlechten Saison in 2011 waren viele Beuten im folgenden Frühling leer. Aber es versprach ein gutes Frühjahr zu werden. Dies ermutigte viele

Imker, uns eingeschlossen, die Völker aufzuteilen, um so die Verluste auszugleichen. Bedauerlicherweise war der anschließende Witterungsverlauf so schlecht, dass sich die Teilung der Völker in den meisten Fällen als ungünstig erwies. Die zwei Hälften waren unfähig den folgenden Winter zu überleben, auch wenn die Wetterbedingungen vorteilhaft waren. In Anbetracht dessen hätte man die Völker besser zusammengelassen. Es ist für das Volk das gleiche Risiko wie in der Schwarmzeit. Es gibt selten eine Saison, in der Bienenvölker nicht mit der fairen Erwartung auf Erfolg geteilt werden können. Aber 2012 war definitiv nicht ein solches Jahr. Niemand hatte das vorhersehen können.

Das lässt mich an uns bekannte Schäfer denken, die uns 2013 von ihren schwarzgesichtigen Mutterschafen in der Heide erzählten. Die Mutterschafe hatten den Winter mit den ungeborenen Lämmern überlebt, gebaren sie im April und ließen sie dann aber alleine zurück, so dass sie starben. Jedes Mutterschaf musste sich dazu entschlossen haben, dass nach der Geburt des Lammes für beide keine große Chance bestand zu überleben. Somit wurde der Mutterinstinkt von der Aussicht auf schlechtes Wetter während des Monats April 2013 überlagert.

Abschließend ist erwähnenswert, dass offensichtlich der Breitengrad und die Höhenlage bei der Überwinterung eine Rolle spielen. Jede 50 Meilen *(80,5 km)* weiter nördlich und jede 50 Fuß *(15 m)* mehr an Höhe macht die Überwinterung ein bisschen schwieriger. Es sei denn die Bienenvölker werden entlang der Küste gehalten, da hier der Golfstrom für das Wetter von Bedeutung ist. Wir leben 56° Nord (auf der Höhe von Moskau) und wenn das Wetter schlecht ist, dann ist es schlecht. Die gleichen Verhältnisse hatten wir vom Winter 1985 bis zum Frühjahr 1988. Noch schlimmer war es im Jahr 1963 als ich mit der Berufsimkerei begann. 1984 war ein Rekordjahr und wir ernteten genug Honig, um damit bis 1988 über die Runden zu kommen. Auch 2013 hatten wir eine Rekorderntе und genügend Honig auf Lager, mit der Aussicht auf ein weiteres bevorstehendes gutes Jahr. Aber wie mein Vater immer sagte, man kann keinen imaginären Honig verkaufen! Ich wünschte, ich hätte den Artikel einige Monate früher geschrieben. Damit hätte ich die Imker warnen können, die Futterversorgung ihrer Völker genau im Auge zu behalten. Die übliche Methode des Abschätzens (durch Anheben einer Beutenseite das Gewicht erfühlen und einschätzen) wird dieses Jahr nicht funktionieren, da die Völker bis Ende Oktober gebrütet haben. Wegen des außergewöhnlich milden Wetters werden sie bis Mitte März nahe am Verhungern sein. Unter diesen Bedingungen werden starke Völker sehr schnell abbauen. Jedes Jahr ist unterschiedlich. Die Beuten mögen sich schwer anfühlen, aber das Volk kann nur eine Woche vom Verhungern entfernt sein. In diesem Fall ist es sehr wichtig den Zwischendeckel abzunehmen und nachzuschauen, auch wenn der gute Ratschlag lautet die Völker während des Winters nicht zu stören.

Honigbienen haben einen hohen volkswirtschaftlichen Wert, weil sie gewissermaßen unsterblich sind, außer alle Völker sind eingegangen, was manchmal vorkommt. Es gibt nicht viele Jahre, in denen sie nicht einen Gewinn erwirtschaften und dabei ist noch nicht die Bestäubungsleistung eingerechnet. Somit ist es nicht verwunderlich, dass die Medien die Menschen ermutigen die Bienen mit Respekt zu behandeln. Dies hat auch der Bienenhaltung geholfen. Ich hoffe Sie, der Leser, finden diese Ausführungen hilfreich.

(F) Imkerausbildung

Ich glaube es war ein Rückschritt für das Landwirtschaftsministerium in den 1970iger Jahren auf den Dienst der Fachberater für Bienenzucht zu verzichten. Die Fachberater erlangten ihr Wissen, indem sie den Erfolg oder Misserfolg ihrer Schüler, von den Anfängern bis zu den Profis, beobachteten. Ist das Wissen einmal verloren, kann man das Rad nicht mehr zurückdrehen. Demzufolge haben wir eine Situation der Verunsicherung, wenn Interessierte versuchen die Fähigkeiten zu erlernen. Schlimmer noch, wenn Dinge schief gehen.

Es ist vielleicht schwierig Fehler bei den derzeitigen in der Imkerei auftretenden Problemen zu vermeiden. Aber es wäre viel einfacher, wenn eine Frau oder ein Mann mit jahrzehntelanger praktischer Erfahrung den Anfängern Vertrauen in ihre Fähigkeiten vermitteln würde. Damit möchte ich nicht Leistungen der Mitarbeiter der Abteilung Imkerei in York und Auchincruive herabsetzen, sondern im Gegenteil, ich schätze ihre Mitwirkung. Es ist wichtig zurückzuschauen, sie dagegen denken fortschrittlich und haben damit wertvolle Informationen für die Gegenwart und die Zukunft.

Vor vierzig Jahren nach dem Zweiten Weltkrieg hatte Schottland zur Ausbildung eine Imkerschule, welche sich weltweit mit anderen messen konnte. Seitdem Schottland zu Großbritannien gehört, wurden die Zuständigkeiten der Behörden zusammengelegt. Welch ein Fortschritt! Der einzige Vorteil für den Imker, sind die großen Anbauflächen für Raps, welcher zunächst eine politische Feldfrucht war, von den Landwirten aber inzwischen als wichtiger Fruchtfolgepartner geschätzt wird.

(G) Das Verhalten der Bienen ist nicht vorhersehbar

Die eigentliche Bedeutung dieser Redensart ist, dass Imker die Völkerbearbeitung wie aus dem Lehrbuch ausführen, die Bienen sich aber aus mehr oder weniger offensichtlichen Gründen genau anders verhalten, sozusagen als Mahnung an den Imker, dass er hier nicht federführend ist und es auch nie sein wird.

Wenn wir unsere Vorstellung benutzen und unsere Gedanken einen Schritt weiter führen, könnte es bedeuten, dass die Honigbienen drei Kontinente ohne fremde Hilfe besiedelt, die Eiszeit überstanden und viele andere Rückschläge durchgestanden haben,

Willie und seine Frau Daphne treffen die Queen im Rathaus von Berwick 2002

so dass sie nicht besonders beeindruckt von den Forderungen durch den Menschen sein dürften. Hart erworbene Eigenständigkeit ist der Schlüssel für ihre Existenz und der Imker muss lernen dies zu begreifen oder die Schwierigkeiten sind vorprogrammiert, wie wir gesehen haben.

Mein Vater sagte oft: „Sei gut zu deinen Bienen und sie werden gut zu dir sein". Diese einfache Aussage ist auf den verstorbenen W.W. Smith aus Innerleithen zurückzuführen. Und es hat Zeiten gegeben, in denen weder ich noch andere Imker so gut zu den Bienen gewesen sind, wie wir es eigentlich hätten sein sollen. Wie auch immer, die ursprüngliche Aussage dieses Spruches ist: Die Völker müssen immer gut mit Futter versorgt sein und darüber hinaus nur so oft gestört werden wie es notwendig ist. Sie werden den Imker bei gegebener Zeit mit wenig Stichen und einer Menge Honig belohnen.

Diese Diskussion erinnert mich an ein weiteres Sprichwort: „Des Landwirtes Füße sind der beste Dünger." Das bedeutet, dass der Landwirt gut daran tut seine Felder im Blick zu behalten, so dass er genau beobachten kann, was mit seiner Ernte und seinem Lebensunterhalt geschieht.

Stellen Sie sich die Arbeit eines Landwirtes während der Wirtschaftskrise in den 1930iger Jahren oder auch hundert Jahre früher vor. Er erhielt keine Hilfe von Banken oder von der Regierung, konnte keinen Dünger oder Spritzmittel verwenden, es gab nur geringe oder keine Mechanisierung und eine Pacht war zu zahlen. Alles worauf er sich berufen konnte, war seine Fähigkeit das Land zu bearbeiten. Diese hatte er durch intensive Beobachtung, Einfühlungsvermögen und Erfahrung erlangt. Dies traf auch für das Imkern zu und gilt auch heute noch für die Berufsimkerei. Wohingegen das Betreiben eines landwirtschaftlichen Betriebes wegen der modernen Techniken und der Unterstützung immer weniger beschwerlich wird.

Die „Dunkle Biene"

Ich denke dabei an die Bienen, die ich vorgefunden habe, als ich meinen Vater vor nahezu sechzig Jahren zu den Bienenvölkern begleitete. Dabei habe ich aber auch die Kompetenz verschiedener Imker im Sinn, die seinerzeit mit der „Dunklen Biene" von beeindruckender Qualität arbeiteten. Ich sollte erwähnen, dass wir auf der Chain Bridge Honey Farm seit 1948 mit der „Dunklen Biene" arbeiten. Ich werde später genauer darauf eingehen.

Ein Imker, Rob Brown, aus Pallinsburn bewirtschaftete Völker mit der „Dunklen Biene" in doppelwandigen WBC-Beuten, ausschließlich zur Wabenhonigproduktion mit sog. Sektions *(Anm. der Übersetzerin: im deutschsprachigen Raum auch Wabenhonigkassetten genannt)*. Bei einem Besuch erzählte er mir, dass in keinem der Völker Schwarmzellen zu finden waren. Und das obwohl die Völker so stark waren, dass die Bienen vor dem Flugloch unter dem Vordach hingen. Solche Bienenvölker mit ihren kleinen Wabenhonigkassetten waren besonders anfällig für Schwärmerei, da sie vom zeitigen Frühjahr an mit den kleinen Sektionwaben vollgepackt wurden. Diese Rahmen waren für die Bienen eine unnatürliche Umgebung, so dass sie eher schwärmten als ihre Volksstärke an den erweiterten Raum anzupassen. Die Bienen zeigten ihr Unbehagen, indem sie schwärmten und bereiteten dem Imker damit eine ordentliche Menge Arbeit (notorisches, gewohnheitsmäßiges Schwärmen). Vermutlich saßen Rob Browns Bienenvölker auf 1 1/2 hohen Bruträumen (acht Brutwaben und acht halbhohe Waben), um den Bienen im Mai während der Ahorntracht die Möglichkeit zur Ausdehnung zu geben. Somit war es unwahrscheinlicher, dass die Völker bei der kommenden Kleetracht im Juni schwärmten. Solche, die trotzdem schwärmten, markierte er und ersetze deren Königinnen durch Nachzuchten von schwarmträgeren Völkern. Somit entstanden stabile und produktive Bienenvölker. Da Mr. Brown seine Wabenhonigkassetten auf regionalen Blumenausstellungen ausstellte, sortierte er auch solche Königinnen aus, deren Nachkommen den Wabenhonig nicht nach den Ausstellungsrichtlinien ausbauten und verdeckelten. Zu dieser Zeit gab es eine große Anzahl an importierten italienischen Bienen in Nord-Northumberland. Manchmal kam es vor, das seine Königinnen von italienischen Drohnen begattet wurden. Da es damals noch wilde Bienenvölker gab, kamen auch deren Drohnen zum Zuge. Diese unkontrollierte Begattung hatte auf die Qualität der bestehenden Völker keine Auswirkung. Es war immer noch die Dunkle Biene, die an die regionalen Gegebenheiten angepasst war. Aber vor allem gehörten sie Rob Brown und als er starb waren die Völker weit weniger erfolgreich. Seine Bienenvölker waren ertragreich, die wilden Völker dagegen nicht leistungsfähig, aber beide waren vom selben Typ und die gelegentliche Auskreuzung war eher vorteilhaft.

Die Beschreibung oben genannter Betriebsweise ist von vier Merkmalen geprägt. Zum einen Mr. Brown, seine Bienen, der wilde Weißklee und zu guter Letzt die wilden Bienenvölker. Als Mr. Brown starb, stellten sich die Völker nicht wirklich auf einen anderen Besitzer ein und ließen dementsprechend in ihren Leistungen nach. Diese Situation wird am ehesten durch das Sprichwort „Telling the bees" beschrieben. *(Anm. der Übersetzerin: Das Sprichwort stammt aus der Folklore und bedeutet, dass die Familie die Bienen über den Tod des betreuenden Imkers unterrichtet. Ebenso müssen die Bienen über alle anderen Familienereignisse informiert werden.)* Kurz nach dem Tod von Mr. Brown verschwand bedauerlicherweise auch der wilde Weißklee (Nahrung bzw. Nahrungsmangel).

Ein weiterer Imker war Alec Cossar, ein Lachsfischer aus Kelso. Er bearbeitete zehn Bienenvölker mit der „Dunklen Biene" in Nationalbeuten (National Hives). Er kontrollierte den Schwarmtrieb, indem er unter den Brutraum eine hohe Zarge setzte. Die darin enthaltenen Brutraum-Rähmchen waren mit Mittelwänden bestückt. Damit ermöglichte er dem starken Bienenvolk ein Durchhängen in diese Zarge. Ebenso ersetzte er seine Königinnen regelmäßig mit Nachzuchten seiner besten Völker und brauchte nie nach Schwarmzellen zu suchen, weil es nicht nötig war. Mein Vater war sehr verbunden mit Alec Cossar und überaus beeindruckt von seiner Fähigkeit solch starke Völker mit so wenig Aufwand zu bearbeiten. Er sowie Rob Brown hatten eine Begabung für Bienenhaltung.

Personen, die gute und erfolgreiche Imker werden wollen brauchen eine gewisse Begabung für die Bienenhaltung, sowie die Fähigkeit intuitiv die richtigen Entscheidungen zu treffen.

W. W. Smith aus Innerleithen war ein Imker, der hundertzwanzig Bienenvölker mit der „Dunklen Biene" in Peeblesshire bewirtschaftete, wobei die Produktion von Heidehonig seine einzige Einnahmequelle war. Das Unternehmen war in einem Gebiet angesiedelt, in dem die Saison spät einsetzte und sehr kurz war (dreieinhalb Monate). Dementsprechend brauchte er Völker, die den Höhepunkt der Entwicklung Anfang Juli mit der Blüte der Glockenheide erreicht hatten. In der Zeit zwischen den Weltkriegen hat er zweifellos mit kleinen Völkern in Landhausbeuten begonnen, um durch Auslese und Nachzucht von den besten Bienenvölkern brauchbare Einheiten zu erstellte. Als ich in den späten 1950iger Jahren auf seine Imkerei aufmerksam wurde, hielt er Bienenvölker auf sechs British Standard Bruträumen. Sie waren genauso stark an Bienenmaterial wie Völker im übrigen Großbritannien. So weit ich weiß, ersetzte er nie die Königinnen, weil die Saison dafür zu kurz war und die meisten Völker in der Heidetracht sowieso still umweiselten. Durch seine Aufzeichnungen konnte er sogar feststellen, dass eine Königin in ihr fünftes Lebensjahr ging. Das deutet darauf hin, dass die Bienen ausgesprochen robust waren und gleichgültig welche Probleme zum Versagen der Königinnen führte (zu der Zeit gab es keine Varroamilbe oder Pestizide), die Bienen konnten sich eine Königin nachziehen oder behielten ihre alte Königin für einen langen Zeitraum. Willie Smith schabte im August Honigwaben *(Anm. der Übersetzerin: die hohen Brutraumrähmchen wurden zur Honigproduktion genutzt)* bis zur Mittelwand ab und presste den Heidehonig mittels einer Presse aus. (Diese Heidehonigpresse befindet sich mittlerweile in unserem Museum.) Die Bienen wurden in zwei Bruträumen mit Vorräten aus der Heidehonigtracht überwintert. Bienenvölker überwintern gut in zwei Bruträumen, weil sie so direkten Zugang zu dem über ihnen befindlichen Honig haben (ausreichende Versorgung). Zeitweise setzte Willie Smith im Frühjahr eine weitere hohe Zarge auf, dessen Rähmchen Heidehonig und Pollen enthielten. Diese Vorgehensweise wirkte wie eine Reizfütterung, so dass die Bienenvölker sich zügig ausdehnten bevor die nächste Zarge gegeben wurde. Zuckerlösung hätte nicht den gleichen Effekt gehabt. Somit verbesserte er seine Völker durch „Hilfestellung und Unterstützung". Im Frühjahr wurde ihnen reichlich Nahrung zur Verfügung gestellt und sie erwarteten diese jedes Jahr aufs neue. Dadurch hatten sie das Vertrauen, ihre Volksstärke zu vergrößern. In einer unvorteilhaften Region, in der man kleine Schwächlinge erwarten würde, fanden wir diese riesengroßen Bienenvölker mit der „Dunklen Biene". Diese waren an die Betriebsweise von Willie Smith angepasst und verbesserten sich dementsprechend. Eine Selektion war nicht notwendig und das Unternehmen war ein großer Erfolg, wovon ich mich damals selbst überzeugen konnte.

Der Imker Andrew Scobbie startete mit der Imkerei, als noch die Ilse of Wight- Krankheit *(Tracheenmilbe)* tobte. Erst kürzlich ging er in Rente und sein Sohn übernahm die Imkerei mit vierhundertfünfzig Völkern in der Umgebung von Kirkcaldy im Verwaltungsbezirk „Kingdom of Fife" *(Anm. der Übersetzerin: Ostküste von Schottland)*.

Wie Willie Smith war auch Andrew an der Produktion von Heidehonig interessiert und überwinterte seine Völker auf zwei Bruträumen der Smith-Beute. Er war ein kompetenter Königinnenzüchter und hatte einen Standplatz in einer geschützten Gegend in der Nähe von Kirkcaldy, wo die Bienen reichlich Trachtpflanzen vorfanden. Nach der Frühtracht wurden die Völker geteilt. Der weisellose Teil in der einen Brutzarge erhielt eine Königinnenzelle. Das Altvolk mit der einjährigen Königin im anderen Brutraum wurde mit einer weiteren Zarge erweitert und setzte seine Entwicklung weiter fort.

Schließlich gingen dann Völker mit zwei und Völker mit einem Brutraum in die Heidetracht und wurden dort zu Völkern mit drei Zargen vereinigt. Damit entstanden Bienenvölker mit einer immensen Bienenmasse, startklar für die Heidetracht. In den meisten Jahren funktionierte diese Betriebsweise hervorragend. In manchen Jahren jedoch, wenn das schottische Wetter nicht mitspielte, mussten die Bienenvölker gefüttert werden. Vor einigen Jahren zeigten einige Völker in der Saison Anzeichen von Europäischer Faulbrut (EFB) und Andrew sowie ich vermuteten, die Inzucht hervorgerufen durch „Selektion aus den Besten" über Jahre, wäre schuld. Ich gab ihm zwei Völker mit nachzuchtwürdigen Königinnen, von denen ich annahm, sie wären angemessen für seine Betriebsweise. Andrew erzeugte Nachzuchten dieser Königinnen, weiselte alle Völker um und das Problem verschwand. Nach genauerem Nachdenken hätte man dies besser mehr als einmal wiederholen sollen. Denn alle Bienenvölker der verschiedenen Imker in der Umgebung im Abstand von vierzig Meilen (ca. 64 km) stammten von der Ostküsten-Biene ab, die schon über einen langen Zeitraum dort beheimatet war. Das extreme Klima in dieser Region war der entscheidende Faktor für die Ausprägung ihrer Merkmale. Die Bienenvölker in diesem Gebiet werden alle von der gleichen Bienenrasse stammen (Inzucht). Das Andrew Sobbie seine Königinnen jährlich austauschte, beschleunigte die Tendenz zur Inzucht. Dies ist die moderne Entwicklung, obwohl die Inzucht nicht das wesentliche Problem sein wird, in diesem Land sowieso nicht. Wenn Bienen Anzeichen von Paralyse auf den Anflugbrettern zeigen, kann das auf Inzucht hinweisen (Austausch der Königin). Heimische Dunkle Bienen sind normalerweise ausgesprochen resistent gegen EFB.

Ich bin mir jedenfalls ziemlich sicher, dass ein Einkreuzen nicht verwandter Bienen in die Linie der Dunkle Biene von Zeit zu Zeit notwendig ist, um ihre Vitalität und ihre Krankheitsresistenz zu erhalten. Wie wir gesehen haben, hatte die Kreuzung zwischen Browns und Cossars Königinnen und Drohnen aus wild lebenden Völkern keinen Einfluss auf die Qualität ihrer Bienenvölker.

Während des Winters 1985/86 verlor Andrew Scobbie keines seiner Völker. Andere Imker hingegen mussten Verluste von 50% - 100% hinnehmen. Ein Grund dafür war, dass seine „Dunklen Bienen" - einige davon kamen aus Frankreich - leistungsstark waren und junge Königinnen hatten, trotz des schrecklichen Sommers 1985 *(Anm. der Übersetzerin: schlechte Witterungsbedingungen)*. Robert Cousten meinte, dass Andrew Scobbie und auch Willie Smith die besten Imker in Schottland waren.

Ich habe über diese Imker geschrieben, weil sie und viele andere Imker es verstanden haben, Völker mit der „Dunklen Biene" zu halten, die genauso leistungsstark wie Völker mit importierten Königinnen heutzutage sind. Und das wurde ohne geschützte Belegstellen oder besonders sorgfältige Auslese erreicht. Ferner waren die Bienen bestens für das schwierige und rauhe Klima geeignet, was bei importierten Stämmen nicht immer zutrifft.

Ich bin mir sehr wohl bewusst, dass die meisten Völker der „Dunklen Biene" nicht den hier beschriebenen Standard erfüllen. Ich werde die „Dunkle Biene" im Allgemeinen sowie unsere eigene beschreiben, beginne aber erst mit den wirklich wild lebenden Völkern. Diese sind nicht domestiziert und abgeneigt einen Überschuss an Honig zu sammeln. Sie beschäftigen sich lieber den ganzen Sommer über mit dem Schwärmen oder erholen sich davon. Ihre Drohnen sind schwarz, behaart und sehr laut und ich vermute sie sind anfälliger für Krankheiten (Nosematose) als die durch den Imker gut betreute Völker (Mangel an Vitalität). Wir können ein wildes Volk, das sich in einem Brutraum eingenistet hat, an der fehlenden Wabenstetigkeit erkennen. Die Bienen laufen auf den Waben umher wie eine Schafherde. Bei der Bearbeitung guter Völker bleiben die Bienen immer auf der Wabe sitzen. Sie sind domestiziert und produktiv. Wild lebende Völker bauen schmale, verdrehte Königinnenzellen, während gute, fruchtbare Bienenvölker große, gerade Weiselzellen bauen, die prächtig an den Waben hängen. Wie auch immer, einige dieser Wildvölker scheinen das Varroamilbenproblem zu überstehen und gelegentlich stoße ich auf solche Völker.

Zudem gibt es wild lebende Bienenvölker, die von Schwärmen betreuter Völker stammen. Der Anteil der Drohnen an der gesamten Bienenmasse dürfte bei allen Wildvölkern proportional viel größer sein als der bei bewirtschafteten Völkern. Und weil die Anzahl der Wildvölker eher gering ist, könnte dies das frühzeitige Versagen der Königinnen in den betreuten Wirtschaftsvölkern erklären. Früher wird es viel mehr wild lebende Völker gegeben haben als solche durch den Imker betreute, die die wichtige Bestäubung im Land flächendeckend leisteten. Sie waren überall präsent und nun wird ihre Abwesenheit von der Bevölkerung wahrgenommen.

Ursprünglich wurden die meisten Bienenvölker in Strohkörben gehalten. Die früheste Erinnerung meines Vaters an Strohkörbe waren die seines Großvaters. Schrittweise wurden diese durch Landhaus-Beuten im Norden oder durch die WBC-Beuten im Süden Englands ersetzt. Die Völker in den Landhaus-Beuten wurden nie besonders stark und wurden zur Wabenhonigproduktion in Sektions nach traditioneller Art gehalten. *(Anm. der Übersetzerin: die Landhaus-Beute war der Vorgänger der Smith-Beute und der englischen Nationalbeute und ist vom Größenverhältnis ähnlich, weist aber ein Vordach über dem Flugloch und ein Schrägdach auf.)* Manchmal wurden von einem Volk hundert Wabenhonigkasetten produziert, was auf die großen Nektarmengen des wilden Weißklees zurückzuführen war. Dennoch waren diese Völker im großen und ganzen sehr schwach. Darum importierten die großen Imkereien Anfang des zwanzigsten Jahrhunderts Königinnen aus Italien, um so große Wirtschaftsvölker zur Ausnutzung der Weißkleetracht im Juni aufbauen zu können. Ebenso wurden damit Verluste durch die „Ilse of Wight"-Krankheit *(Tracheenmilbe)* ausgeglichen. Übrigens ist diese Situation identisch mit dem Bienenjahr 2014.

Niederländische Heidebienen *(Anm. der Übersetzerin: in Strohkörben gehalten)* wurden ebenfalls nach Großbritannien importiert, um die Verluste durch die Tracheenmilbe wett zu machen. Sie waren hartnäckige Schwärmer.

Im Norden machten die Imker mit den kleinen Völkern und der „Dunklen Biene" so weiter bis in die 1950iger Jahre. Danach begannen sie ihre Betriebsweise auf National-Beuten und die Smith-Beuten umzustellen, was es den Bienen ermöglichte, ihr Brutnest auszudehnen und an Volksstärke zuzunehmen. Auch zu dieser Zeit wurden viele italienische Königinnen importiert, aber sie kamen mit den Wintern im Norden Großbritanniens nicht zurecht. Kam es zur Kreuzung zwischen ihnen und den beheimateten Völkern, erzeugte das Stecher. Der Winter 1963 tötete dann viele Völker. Dies war die Zeit, in der ich als Berufsimker begann. Und weil wir die Völkerzahl sehr schnell steigern mussten - ich meine damit 600 Völker - kauften wir ganze Bienenstände von Imkern auf, die ihre Imkerei aufgaben. Wir vereinigten die Bienenvölker und verteilten sie auf Standplätzen in der Gegend, wo wir auch jetzt noch arbeiten. Es gab unter ihnen Bienenvölker, die sehr gut waren, andere dagegen schlecht, insbesondere solche von amerikanischen/italienischen Kreuzungen, sowie siebzig Völker von wild lebenden Bienen. Beide Gruppen wurden uns von Imkern überlassen. Genauso hatten wir zwanzig Paketbienen aus Frankreich mit der „Dunklen Biene". Sie kamen aus dem Gâtinais *(Anm. der Übersetzerin: Plateau in Zentralfrankreich)* und fielen bei unserer Bearbeitung durch außergewöhnliche Stechlust auf. Trotzdem töteten wir keine dieser Königinnen, da wir keine Zeit und nicht die Möglichkeiten hatten die Völker umzuweiseln. So versuchten wir unser Bestes mit der 9-Tage-Kontrolle, mein Vater am Wochenende (während der Woche bildete er in der Bienenzucht aus) und ich wurstelte mich während der Woche durch. Dies beinhaltete auch den Honigverkauf von einem offenen Lieferwagen aus, sowie das Bauen von Beuten aus einheimischem Holz, den Aufbau geeigneter Gebäude und den Umbau von Maschinen, die von einer Abwrackwerft stammten.

Nach acht Jahren hatten wir tausend Völker, wobei der Zuwachs ausschließlich auf die erstellten Fluglinge zurückzuführen war. Zu diesem Zeitpunkt ging mein Vater in Rente und setzte seine Arbeit mit den Bienen für weitere fünfzehn Jahre fort. Wenn ich jetzt an unsere Bienen denke, bin ich sehr überrascht, wie sie sich in der Zwischenzeit verbessert haben, trotz der unterschiedlichen Herkunft.

Es ist mir klar geworden, dass diese Sammlung von unterschiedlichen lokalen Bienen sich selbst verbessert hat, solange sie von einem Typ ohne augenscheinliche Merkmalsveränderungen war. Ich bin nicht völlig sicher, wie dies von statten ging, aber es gibt ein paar Punkte, die hervorstechen. Die Völker sind an einem Punkt angelangt, an dem sie uns nur zögernd stechen. Mein Vorarbeiter und ich ernteten letztlich an einem Nachmittag den Heidehonig von siebzig Bienenvölkern, wobei ich keine Handschuhe trug und nackte Knöchel hatte. Ich erhielt nur drei Stiche. Vor dreißig Jahren hätte die Heidehonigernte von siebzig Völkern mit der „Dunklen Biene" weit mehr als drei Stiche eingebracht, trotz Handschuhen und Gummistiefeln. So haben unsere Bienen gelernt, dass ein Besuch des Imkers nicht bedrohlich ist, weil wir sie nie ruppig bearbeiteten. Diese Sanftmut ist eine ungemein nützliche Eigenschaft für einen kommerziellen Betrieb, und kann, wie wir gesehen haben, vom Imker ohne Selektion erzielt werden.

Um die Gehälter unserer vielen Angestellten zu erwirtschaften, vor allem in Zeiten mit hohen Lebenshaltungskosten, ist die Haltung vieler Bienenvölker notwendig. Entscheidend ist, dass die Völker nicht oder nur in einem geringen Maße schwärmen und die Völker zusammen gehalten werden, um jede auftretende Tracht ausnutzen zu können. In unserer Imkerei haben wir die wesentlichen Gründe für das Schwärmen erkannt und sortieren Bienenvölker mit ausgeprägtem Schwarmtrieb weitestgehend aus. Wir betreuen sechzig Bienenstände, die dreimal im Jahr abgewandert werden. Damit sind es (in etwa) hundertachtzig Standplätze. Die Auswahl der Überwinterungsplätze richtet sich nach den geringsten zu erwartenden Verlusten während der härtesten Winter. Im Frühjahr werden die stärksten Bienenvölker in die Rapsfelder gewandert. Die Wanderung erfolgt während des Tages, so dass sich die zurückbleibenden Sammelbienen in die auf dem Standplatz verbliebenen Völker einbetteln und diese verstärken. Dies bewirkt bei den abgewanderten, starken Völkern ein Sammelbienenverlust. Genauso sind sie am neuen Standplatz *(im Raps)* erst einmal orientierungslos und weil sie den möglicherweise ausgewählten Platz für einen Schwarm aus dem Auge verloren haben, versiegt der Schwarmtrieb.

Werden die Bienenvölker in einer Ecke des Rapsfeldes aufgestellt, können Rapspflanzen über die Beutenfront wachsen, was die Sonneneinstrahlung auf die Beute verringert. Das wiederum senkt die Temperatur im Brutraum, so dass das Ausziehen der Völker an heißen Tagen verhindert wird. Bienen auf einer freien Fläche aufzustellen ist meines Erachtens keine gute Idee, zumindest aus Sicht der Bienen. Sie sind dann ungeschützt, egal zu welcher Jahreszeit, vor direkter Sonne, vor Wind und sie sind gut sichtbar für mögliche Feinde.

Sodann werden den Völkern im Raps keine ausgebauten Honigraumrähmchen gegeben, sondern solche mit einem Anfangsstreifen. Die Jungbienen, sobald sie in ausreichender Zahl vorkommen, sind intensiv mit dem Ausbau der Naturwaben beschäftigt. Andernfalls werden diese Bienen die Basis eines Schwarmes bilden. Sodann hoffen wir auf eine gute Rapstracht oder auf eine darauffolgende Tracht aus den Dicken Bohnen. In einem Jahr wie 2014 mit durchgehend hohen Temperaturen konnten die Bienen jeden Tag Sammelflüge tätigen und der Schwarmtrieb war nur gering ausgeprägt, da die Völker im Gleichgewicht blieben. Es sterben genauso viele Bienen wie Jungbienen schlüpfen, so dass keine Bienen für einen Schwarm übrig

Die „Dunkle Biene" am Flugloch, während der Heidetracht, August 2012 (Foto: Ommerborn)

bleiben. In dieser Hinsicht ist es hilfreich, wenn die Königinnen nicht zu fruchtbar sind. Genau diese Völker haben durchweg mehr Honig, einfach weil sie weniger Brut zu versorgen haben. Dies ist entscheidend für die Wirtschaftlichkeit eines Unternehmens. (Ungleichgewicht ist der Hauptgrund für das Schwärmen).

Uns war es also möglich unseren Bienenstamm der „Dunklen Biene" zu verbessern, indem wir Sommerstandplätze fanden, in denen die Bienen sich tendenziell wohl fühlten und immer mit der gleichen Region verwachsen waren. Dies bewirkt, dass sich die Völker jedes Jahr besser entwickeln. Damit wird der schlechte Ruf der „Dunklen Biene", nur schwache Völker auszubilden, widerlegt. Sie bilden größere Völker aus, wenn ihre Ernährungsgrundlage während der meisten Zeit der Saison gewährleistet ist, zum Beispiel durch Raps, Dicke Bohnen, Linden und viele andere Trachtpflanzen, die wir noch nicht bestimmt haben. Natürlich ist nicht jede Saison gleich gut, aber unsere Bienen verlieren nicht ihre Fähigkeit sich schnell zu erholen, wenn sich das Wetter bessert. Dies ist äußerst wichtig aus wirtschaftlicher Sicht. Wenn wir die Bienenvölker auf ungeeigneten Standplätzen aufstellen und sie dort über längere Zeit von einer Saison zur nächsten stehen bleiben, werden sie in ihrer Leistungsfähigkeit nachlassen und sich wahrscheinlich zu miserablen Völkern verschlechtern. Die Probleme mit den Standplätzen sind abhängig von der Lage des Geländes zum Nord-West-Wind, denn auch die Nektar produzierenden Pflanzen leiden in gleicher Weise. Diese Schwierigkeiten sind in der Landwirtschaft lange bekannt.

Damit kann vielleicht aufgezeigt werden, dass sich die „Dunkle Biene" über die Jahre durch behutsame und sorgfältige Haltung in hohem Maße verbessern kann. Sie muss nicht zwangsläufig Stecher oder notorische Schwärmer ausbilden, ganz im Gegenteil. Sie kann sogar so geführt werden, dass sie große, robuste Völker aufbaut, ohne dabei riesengroße Brutnester anzulegen. Ich sehe die Gefahr, dass einige unserer Völker zu stark werden, so dass sie den gesamten Honig aus den Honigräumen verbrauchen und möglicherweise auch noch die Vorräte aus dem Brutraum. Aber glücklicherweise wandern wir mit ihnen in die Heidetracht und sie füllen im Allgemeinen die Honigräume erneut. Wenn Bienenvölker ihre gesamten Honigvorräte Mitte des Sommers, in Gegenden in denen keine späte Tracht zu erwarten ist, verbrauchen, stehen sie am Ende vor dem Nichts. Diese Bienen haben ihren angeborenen Instinkt verloren und schaffen es nicht, ihr Brutgeschäft so einzuschränken, dass sie den Honig nicht komplett verbrauchen.

Wir müssen Bienenvölker halten, die nach wie vor ihre natürlichen Instinkte behalten und sich nicht selbst in eine Sackgasse führen.

Da ich keine Erfahrung in der Haltung von importierten Bienen besitze, möchte ich nur allgemein darauf eingehen. In der modernen Imkerei spielen die Königinnenzüchter eine wesentliche Rolle, egal ob es sich um große oder kleine Imkereibetriebe handelt. Hier soll eine Biene für alle Gelegenheiten und alle Jahreszeiten kreiert werden, was ein sehr qualifiziertes Vorgehen verlangt. Wie auch immer, ich bin mir durchaus bewusst, dass es einige sehr gute Königinnen aus Dänemark und Norddeutschland zu kaufen gibt. Wenn sie die Möglichkeit zur Ausnutzung einer Tracht bekommen, werden sie um die Hälfte mehr an Honig produzieren als unsere „Dunklen Bienen". Die Völker dieser Königinnen sind sanftmütig und gut zu bearbeiten und hochgradig resistent gegen Krankheiten. Natürlich besteht für sie in einer schlechten Saison, die in unserer Gegend oder weiter nördlich häufig vorkommt, eine größere Gefahr zu verhungern. Unsere Bienenvölker sind über ein Gebiet von 1000 Quadratmeilen (etwa 2560 qkm) verteilt, so dass die Haltung von sparsamen Völkern extrem wichtig ist.

Die wichtigste Voraussetzung für die oben genannten Völker ist die, dass sie aus dem Bestand desselben Züchters stammen. Der Züchter stellt Völker bereit, die im Vergleich zum Vorjahr nochmals züchterisch bearbeitet wurden, um alle Möglichkeiten durchzuspielen und gleichzeitig die Qualität aufrecht zu erhalten. Ein mir bekannter, jetzt verstorbener Königinnenzüchter aus Dänemark ging so vor, während sich andere abmühten. Mit Sicherheit gab es schon vor der Varroamilbe große Ausbrüche an den üblichen Bienenkrankheiten in Amerika. Ich würde diese Probleme auf ständige Linienzucht zurückführen. Danach müssen diese Bienenvölker mit Medikamenten behandelt werden.

In diesem Land treten weitaus größere Probleme auf, wenn die unbegatteten Jungköniginnen importierter Bienenstöcke von Drohnen aus den lokalen Beständen oder aus anderen importierten Völkern anderer Herkunft begattet werden. Die daraus entstehenden Völker lösen sich bald in kleine Einheiten auf. Die Bienen wissen nicht mehr wer oder wo sie sind oder was sie tun sollen. Die Entscheidungsfindung ist hoffnungslos gefährdet und das Zusammengehörigkeitsgefühl des Volkes geht verloren. Uns erreichen Meldungen, dass solche Bienen aggressiv werden. Aber das ist nur die Spitze des Eisberges. Es gibt Bienenvölker, die das Wissen verloren haben Honig zu sammeln und Wespen den Zutritt zu ihren Beuten gewähren - aber das ist nur das, was wir sehen. Selbst die allerbesten Imker, geschweige denn unerfahrene Imker oder Anfänger, können diese Schwierigkeiten nicht bewältigen. Ich habe unsere „Dunkle Biene" 40 bis 50 Jahre beobachtet. Sie hat diesen Zeitraum gebraucht, um ihre Lebensstrategie sorgfältig zu verfeinern. Man sieht wohin es führt, wenn es zu einer Mischung zwischen importierten Königinnen und hiesigem Material kommt.

Ich bin mir durchaus bewusst, dass jeder dies schon weiß, aber dies sind immerwährende Probleme. Es beunruhigt mich nicht, dass Bienen griechischer Abstammung nach Northumberland, wo wir 300 Völker halten, importiert wurden, da die „Dunkle Biene" ihnen in dieser Gegend überlegen ist. Aber was soll ein engagierter Imker anderes tun, wenn er seine Völker verloren hat? Wir wollen unsere Völker nicht verkaufen, weil wir uns mit ihnen verbunden fühlen und von ihnen abhängig sind. Sie würden sich in einem anderen Gebiet jedenfalls nicht gut entwickeln.

Die Völker der „Dunklen Biene" lösen sich aus verschiedenen Gründen in kleine Einheiten auf. Ein Grund dafür ist ein im Sommer heißer, in direkter Sonneneinstrahlung liegender Standplatz. Wenn der Imker einige ausgefallene Bearbeitungsmaßnahmen vornimmt, die den Bienen nicht gefallen, sind sie geneigt ihr eigenes Ding zu veranstalten. Werden gut geführte Bienenvölker von einem verstorbenen Imker an einen neuen Besitzer verkauft, finden die Bienen diesen nicht ohne weiteres sympathisch. Meist brechen sie zusammen und sterben schließlich.

Abschließend lässt sich sagen, dass wir über zwei unterschiedliche Typen von Imkern sprechen: dem traditionellen und dem modernen. Sofern die Bienen eine gute Leistung bringen, gehören sie herkömmlicherweise zu einer bestimmten Region und sie müssen mit dem Imker ein Team bilden, ähnlich wie beim schottischen Schäferhund und seinem Halter. Bei einer optimalen Behandlung werden sich die Völker weiterentwickeln, egal welcher Herkunft sie sind. Sie richten sich völlig auf die Gegebenheiten aus. Sie müssen immer auf guten Standplätzen aufgestellt werden. Es müssen keine „Dunklen Bienen" sein, obwohl Bienen in den schwierigsten klimatischen Bedingungen meist schwarz oder dunkelbraun gefärbt sind. Sie werden sich und den Imker mit seiner Familie zuverlässig und auf unbestimmte Zeit versorgen. Sie werden sanftmütig und stabil sein und doch ihre natürlichen Instinkte und Fähigkeiten ohne Selektion beibehalten. Wenn die Honigernte in manchen Jahren enttäuschend ist, hängt das immer mit dem Wetter oder dem Imker zusammen, nie mit den Bienen (56° Nord).

Ich glaube, dass die „ Original - Dunkle Biene" immer noch auf den britischen Inseln zu finden ist. Aber abschließend ist festzustellen, dass unsere Bienen und diejenigen die in kühleren Gegenden dieses Landes beheimatet sind, Bienen sind, die wie die „Dunkle Biene" aussehen oder sich wie solche verhalten. Dabei haben sie alle einen unterschiedlichen Hintergrund resultierend aus der großen Menge an importierten Bienen über die letzten 100 Jahre. Die Honigbienen können sich über einen Zeitraum von 15 Monaten bis 20 Jahren sehr rasch an eine Region, das Klima und den Imker anpassen.

Lässt man die Bienen völlig in Ruhe, können sie in einem ähnlichen Zeitraum ein Stadium natürlicher Immunität erreichen. Sie kommen mit Krankheitserregern in Kontakt, aber sie erkranken nicht daran. Ich vermute, dass sie ebenso die Farbe ihres Chitinpanzers zu einem tieferen Schwarz verändern können, um so auch bei schwächerer Sonneneinstrahlung die Wärme der Sonne absorbieren zu können. Aber ich weiß es nicht. An sich sind die Bienen sehr eng miteinander verwandt, weisen aber keine Inzucht auf.

Ihre Immunität ist verloren gegangen durch

- (B) Linienzucht über einen langen Zeitraum
- (C) Mangelernährung (zu viele Völker auf einem Bienenstand) oder unsachgemäße Haltung
- (D) Begattung von importierten Königinnen mit völlig unverwandten Drohnen (wie es sehr häufig in unserem Land geschieht)

Vor vielen Jahren konnten diese Probleme, die mit dem Verlust der Immunität auftraten, teilweise durch die Gabe von Antibiotika bewältigt werden. Die prophylaktische Gabe von Antibiotika verursachte aber eine Anfälligkeit der Bienen und zudem gelangte das Medikament in den Honig. Dies war ein weltweites Problem, tritt aber gegenwärtig nicht mehr so häufig auf. Mein Rat ist deshalb, sehr gut nach den bereits vorhandenen Bienen zu schauen oder andernfalls Königinnen von kompetenten Königinnenzüchtern zu kaufen, deren Zuchtbetriebe auf dem gleichen Breitengrad liegen.

Imkern in früheren Zeiten

Ich erinnere mich an Landhaus – Beuten für die Wabenhonig-Gewinnung. Damals wie heute mögen die Bienen keine Kassettenwaben (sog. sections, *Anm. der Übersetzerin: dies sind kleine Kassettenwaben aus Holz oder Kunststoff zur Waben/ Scheibenhonigproduktion*), vor allem nicht im Frühjahr, wenn zusätzlich ein Zink-Absperrgitter eingelegt ist. Die Völker füllten im Brutraum oft fünf Rähmchen mit Brut und schwärmten dann. War der Imker zu Hause, um den Schwarm zurück in das Altvolk zu schlagen, wurde meist die Königin beim Einlaufen abgestochen und die Bienen reduzierten alle Schwarmzellen bis auf eine. Im Allgemeinen wurden die Völker im August nicht gefüttert. Diejenigen, die ihre Vorräte nur in den Honigräumen ablagerten, starben *(Anm der Übersetzerin: weil der Imker den Honig nach der Heidetracht geerntet hatte und die Völker keine Vorräte mehr hatten)*. Diejenigen, von denen nichts geerntet werden konnte, die aber den Brutraum mit Honig gefüllten hatten, überlebten. Das Ergebnis war eine qualitativ schlechte Biene, in der Tat unbrauchbar. (In den 1950iger Jahren wurden an die Imker Zuckerrationen speziell zum Füttern der Bienen verteilt - einige Bienen sahen den Zucker nie!)

Wie auch immer, einige Imker selektierten ihre besten Völker jedes Jahr aus, zogen einige Königinnen nach und vereinigten die schlechtesten Völker mit ihnen. So begann das System einer Rassenzucht. Der kürzlich verstorbene Willie Smith aus Innerleithen, ist ein gutes Beispiel für einen fortschrittlichen Imker. Er war der erste Berufsimker in Schottland und der Erfinder der Smith-Beute. Der vor kurzem verstorbene Georg Hood imkerte mit diesem System sehr erfolgreich. Der verstorbene Imker Alec Cossar aus Kelso stattete die Beuten mit einer großflächigen Bodenbelüftung aus, fast so wie ein hoher Unterboden und er hielt immer ein paar Königinnen für die Heide bereit. Er war Jagdaufseher und hatte entsprechend Zeit, was für die Umsetzung seiner Betriebsweise entscheidend war.

Der verstorbene Rob Brown von Pallinsburn imkerte in großen WBC-Beuten *(Anm. der Übersetzerin: Die William Broughton Carr (WBC) - Beute ist eine doppelwandige Beute, bei der die Langstroth-Beute mit einzelnen, überlappenden Sektionen umbaut ist und die innere Beute dadurch geschützt wird, siehe Foto Kapitel „Ruhr")*, die alle in einer Reihe außerhalb des Gartens aufgestellt waren. Seine Bienen arbeiteten ab Mai in den Kassettenwaben für Wabenhonig. Er steuerte den Schwarmtrieb, indem er die Königin von Völkern, die ständig neue Schwarmzellen zogen, entfernte. Von solchen Völkern, die keine Schwarmzellen ansetzten, zog er Jungköniginnen nach. Er entfernte ebenso solche Königinnen, deren Arbeiterinnen die Wabenhonigkassetten nicht gut verdeckelten *(Anm. der Übersetzerin: Nur komplett verdeckelter Wabenhonig erfüllte den Standard auf landwirtschaftlichen Ausstellungen.)*. Ich will damit sagen, dass all diese Imker ganz hervorragende Völker aus dem eigenen Bestand erstellen konnten. Wenn Ableger mit starken Völkern vereinigt wurden, zeichneten diese sich regelmäßig durch eine bessere Volksstärke und eine genetische Robustheit aus. Völker aus den kleinen „Sektions-Beuten" waren dagegen notorische Schwärmer, da sie die kleinen Waben und die schlechten Mittelwände hassten. Daran sieht man, dass die Dunkle Biene in ihrem Verhalten exakt die Fähigkeiten ihres Halters widerspiegelt.

Die Königinnen, die von fortschrittlich orientierten Imkern aufgezogen werden, sind oft mit eng verwandten Drohnen verpaart. Werden die Königinnen mit Drohnen aus einem verwilderten Volk begattet, verhindert dies Inzucht. Drohnen sind dafür bekannt, dass sie beträchtliche Entfernungen zurücklegen können, um somit Inzucht der einheimischen Völker zu vermeiden. Vermutlich werden sie für „bed and breakfast" in die Völker eingelassen, um ihre Reise dann fortzusetzen. Gelegentlich ergibt sich auch hier eine Inzucht und die Völker verlieren ihre Vitalität, insbesondere dann, wenn eng verwandte Drohnen zum Zuge kommen. Inzucht ist der Wegbereiter für Krankheiten. Dies ist hinreichend aus der Landwirtschaft bekannt.

Nach dem Zweiten Weltkrieg wurde eine große Anzahl Bienenvölker der Dunklen Biene von „Steele and Brodie" aus Wormit bei Fife, aus Frankreich nach Schottland importiert. Ich glaube, diese Rasse existiert immer noch. Es mag sein, dass es dieselbe Biene wie die dunkle Britische Biene war. Jedenfalls haben „Steele and Brodie" ihre Hausaufgaben gemacht, denn es waren gute Bienen. Ihre Nachkommen sind auch heute noch in ganz Schottland zu finden. „Steele and Brodie" hatte ein starkes Interesse daran lokale Imker mit Bienen zu versorgen, da sie zusätzlich den Imkereibedarf lieferten. Wird das Vertrauen dieses Geschäftsverhältnisses ruiniert, werden alle miteinander das Nachsehen haben. Dies steht in deutlichem Gegensatz zum Handel mit Ablegern unklarer Herkunft bei dem der Verkäufer kein Interesse am zukünftigen Erfolg des Imkers hat. Damit wird dem Anfänger das Arbeiten mit den Bienen nur unnötig schwer gemacht. Leider kam dies vor als ich ein Junge war und auch heute kann man diese Vorgehensweise antreffen.

W.W. Smith aus Innerleithen

Willie Smith war der erste Berufsimker in Schottland und der Erfinder der Smith-

Beute. Mein Vater war der Meinung, dass ihm nicht genug Anerkennung für seine Errungenschaften entgegengebracht wurde. Willie war ein Depeschenfahrer im ersten Weltkrieg in Frankreich. Danach wurde er der Chauffeur von Mr. Ballantyne, ein Mühlenbesitzer aus Innerleithen.

Mr. Ballantyne ermutigte Willie Bienen während des Tages zu halten, wenn sein Dienst als Fahrer nicht notwendig war. Ich würde vermuten, er hatte „Landhaus-Beuten" (sog. Cottage Hives) und mit dem Wunsch ein fortschrittlicher Imker zu sein, entwarf er eine neue Beute in Übereinstimmung mit dem britischen Standardmaß, aber nach amerikanischer Vorlage. Die Beuten waren sehr einfach aus vier Holzteilen zu fertigen. Er entschied sich für den Bienenabstand über den Oberträgern, was einen Kontakt der oberen Zarge mit den unteren Wabenohren verhinderte. Dies ermöglichte ein einfaches Ankippen der Zarge für die Durchsicht auf Königinnenzellen, ohne das die Rähmchen der unteren Zarge durch die Zugkraft gelöst und somit keine Bienen gequetscht wurden. Zu der Zeit könnte die Verwendung von Metallabstandshaltern ein Problem gewesen sein. Doch durch die Einführung von Hoffmann - Rähmchen wurde dieses Problem verringert. Der einzige Nachteil der Smith - Beute waren die unzureichenden Handgriffe, zumal ein gefüllter Brutraum 70 lb (etwa 32 kg) wiegt. Die Beuten waren aus fein gemaserter Weymouthskiefer gefertigt und mit weißer Bleifarbe - wie es in Amerika Tradition war - gestrichen. Wir haben immer noch solch eine Beute bei uns zu Hause.

Im Frühjahr erweiterte Willie (Smith) jedes Volk mit einem Brutraum, der mit honigfeuchten Waben (der Heidehonig wurde herausgeschabt) versehen war. Peebles, wo Willie seine Bienen stehen hatte, ist eine Region mit spät einsetzender Frühtracht und so bewirkten die honigfeuchten Waben bei den Bienen eine ungeheure Entwicklungsförderung. Der Leser weiß vielleicht von der amerikanischen Tradition den Bienen im Frühjahr Pollenkuchen anzubieten. Willies Methode läuft auf das gleiche hinaus. Demnach hatte die Königin drei Brutzargen in denen sie legen konnte und ich vermute die untere Brutzarge war weitestgehend brutfrei. Dies sorgte für eine gute Ventilation und verminderte den Schwarmtrieb. Normalerweise wurden die Königinnen durch stille Umweiselung ersetzt. Wenn das Volk aber Weiselzellen pflegte, konnte Willie mit diesen einen Flugling bilden.

Es war nicht leicht, die Königin in den drei Bruträumen zu finden, auch wenn ihr Flügel gestutzt und sie gezeichnet war. Zu einem bestimmten Datum wurde die Königin in den unteren Brutraum abgesetzt. Dieses Verfahren ist als Einengung bekannt.

Manchmal zogen die Bienen im Juli aus lauter Frustration über das wechselhafte Wetter Weiselzellen. Dies stellte Willie Smith vor große Probleme, denn er musste die Bienen zusammenhalten. Das bedeutete, dass er bei allen Völkern turnusmäßig die Bienen von jeder Wabe abschlagen musste, um die Zellen so lange auszubrechen, bis die Bienen das Interesse am Schwärmen aufgaben. Zu dieser Zeit waren die Völker sehr leistungsstark

von links nach rechts: Willie Smith, Selby Robson, Mrs. W. Smith, Willie Robson, Mrs. S. Robson

Willie Smith's „Hochhausbeuten". Dieses Bild bezeugt die außerordentlichen Fähigkeiten eines kürzlich verstorbenen schottischen Imkers (Bild von George Hood)

und Willie hatte nur einen Schleier an und nackte Hände. Das ist eine unvorstellbar schwierige Arbeit. Bei einer Gelegenheit besuchten R O B Manley und A W Gale von Marlborough Willie Smith während des Sommers und mein Vater holte sie vom Bahnhof ab. Als sie auf dem Bienenstand ankamen, wurden sie von Bienen angegriffen und Willie war verschwunden. Es ist überflüssig zu erwähnen, dass er in die Büsche geflüchtet war. In der Vergangenheit, als Schutzkleidung extrem dürftig ausfiel, war es für die Imker üblich ins Dickicht zu flüchten, um die Verfolger los zu werden. An diesem Tag waren die Bienen nicht außer Kontrolle geraten, nur äußerst aufbrausend. Dies rief jede Menge Belustigung hervor. Ich erinnere mich an eine Standbesichtigung in Kelso mit Völkern von Alec Cossar, einem weiteren außergewöhnlichen Imker. An diesem Tag referierte Willie Smith und eine Biene flog ihm in den Mund und stach ihn in die Zunge. Er unterbrach seinen Vortrag kaum und die Zuhörer waren mehr als beeindruckt.

Willies übliche Art der Kleidung war ein schwerer Tweedanzug mit einer Weste, ein Hemd mit Krawatte und einen über seine Hutkrempe gestülpten leichten Schleier. Er war ein sehr großer, starker Mann und bearbeitete 120 Völker alleine ohne Hilfe. Ich kann mir nicht vorstellen, dass er mit vielen Völkern gewandert ist, vor allem weil er zwei Bruträume und oftmals Bruträume als Honigräume verwendete. Zu der Zeit wuchs die Glockenheide in Peebleshire fast bis zur Talsohle und die Besenheide auf dem Bergrücken. Standimkerei machte hierbei sehr viel Sinn. Danach litt Peebleshire unter einem massiven Ausmaß an Wiederaufforstung. Heutzutage wäre es schwierig diese Imkerei weiterhin erfolgreich zu führen.

Wenn die Honigräume mit Heidehonig geerntet und nach Hause gebracht wurden, schabte er den Honig aus den Waben in einen Baumwollsack und presste den Honig aus. Sein Ziel waren 5 cwt (Hundredweight, etwa 254 kg) am Tag. Danach wurden die Gläser mit dem geleeartigen Heidehonig in ein warmes Wasserbad gestellt und als flüssiger Honig, der viele Luftblasen enthielt, verkauft. Das Lebensmittelgeschäft in Innerleithen dekorierte das ganze Fenster mit seinem Honig, was oft fotografiert wurde.

Sein Honighaus lag am Ufer des Leithen Water und hatte einen sechseckigen Grundriss. Mein Vater überredete ihn zu einem Vortrag auf einer Tagung in Northumberland. Leider musste Willie Smith auch einen Vortrag von jemand anderem über sich ergehen lassen, der nicht wusste worüber er sprach. Das verärgerte ihn außerordentlich und da er herzkrank war, nahm mein Vater ihn beiseite bevor er dem Burschen entgegentreten konnte. Willie war gegenüber inkompetenten Leuten äußerst intolerant.

Mein Vater wuchs in einer Imkerfamilie auf. Sein Großvater hatte 60 Bienenkörbe, war aber ausgebildet als landwirtschaftlicher Botaniker. Er war der Fachhochschule in Edinburgh angeschlossen und unterrichtete 1949 das Fach Imkerei. Da sie nur Landhaus - Beuten kannten, musste er etwas über moderne Betriebsweisen lernen. Auf diese Weise wurden er und Willie Smith gute Freunde. Willie's Bienen wurden aus einem lokalen

Stamm selektiert und R O B Manley schrieb sogar meinem Vater, dass er noch nie solch starke Völker angetroffen habe. Dies sprach Bände über die Begabung Willie Smith' und die reichliche Flora an diesem Ort zu jener Zeit. Ich erinnere mich, dass sie über Königinnen sprachen, die in ihr fünftes Lebensjahr kamen, bevor sie ersetzt wurden.

Georg Hood erwarb einige der Völker, als Willie in Rente ging und der Rest der Völker wurde von Georg Lunn, einem Imker an der Universität, übernommen. Georg Hood übernahm einen Bienenstand in Peebleshire und auch jetzt sind die Bienen noch dort.

Bereits Anfang des zwanzigsten Jahrhunderts las Willie Smith Bücher von amerikanischen Imkern, um Wissen über eine kommerziell geführte Imkerei zu erlangen. Auf jeden Fall besaß er anfangs Landhaus - Beuten (sog. Cottage Hives), selektierte von den besten Völkern die er hatte und züchtete Königinnen. Mit den Nachzuchtköniginnen bildete er Ableger und vereinigte diese später mit den Altvölkern. Somit wurde der besondere Stamm der regionalen Biene viel fruchtbarer und die Völker besaßen mehr als einen Brutraum mit Brut. Er schaffte es die Biene so zu züchten, dass sie letztendlich drei Räume mit Brut füllten. Es war keine Zweiköniginnen-Betriebsweise. Das Ziel war es, sehr starke Völker für die Heidetracht zu erstellen. Die großen Imkereien im Süden Englands hielten vor allem importierte Bienen in großen Dadantbeuten. Trotzdem waren die Völker nicht so stark wie die von Willie Smith. Seine Bienen stammten von einem regional ansässigen Stamm ab, der vollkommen an die Verhältnisse in Peeblesshire - einer Gegend mit spät einsetzender Tracht und deshalb schwierig für das Imkern - angepasst war.

Willie Smith bewirtschaftete 150 Bienenvölker, deren Anzahl er zum Ende seiner vierzigjährigen Berufsimker-Karriere auf 120 Völker reduzierte. Auf dem Foto ist Willie Smith rechts zu sehen. Das beste Volk saß auf sechs Magazinen des britischen Vereinsmaßes *(Anm. d. Ü.: British Standard, Außenmaß Rähmchen ohne Ohren: 35,6 cm x 21,6 cm, also vergleichbar mit DNM)* Das war nicht ungewöhnlich, wie ich mich bei verschiedenen Gelegenheiten überzeugen konnte.

Georg Hood

Georg Hood war über einen Zeitraum von fünfzig Jahren ein guter Freund unserer Familie. Ich kann mich daran erinnern, dass ich als Jugendlicher von der Qualität seines Ahornhonigs beeindruckt war. East Lothian *(Schottische Region)* war immer eine großartige Gegend um Bienen zu halten. Es gibt abseits der Küste stark bewaldete Flächen, die viele Ahornbäume aufweisen. In einer guten Saison können große Honigmengen gewonnen werden, meines Wissen größtenteils von extrafloralen Nektarien, da die Blüten bald verblüht sind. Als der Anbau von Raps in den 1970iger

Jahren begann, waren die Bienen eher geneigt den Ahorn zu ignorieren und vielmehr die einfachere Nektarquelle anzufliegen.

Etwa einmal in zehn Jahren konnten wir während der letzten Maiwoche einen Honigraum pro Volk aus dem Weißdorn ernten. Dies war dunkler, aromatischer Honig von außerordentlicher Qualität. Als man begann den Küstenstreifen von Northumberland für die Getreideproduktion zu nutzen, wurden die bis zu sechs Meter hohen Hecken zurückgeschnitten und die nützliche Nektarquelle war verloren.

Zeitweise bewirtschaftete George 350 Bienenvölker alleine, die alle sehr stark und groß waren. Die Völker saßen auf bis zu vier Magazinen, wie die von Willie Smith. Sie wurden zu zwölft aufgestellt und er hielt an der Neun-Tage-Kontrolle fest, um den Schwarmtrieb zu lenken. Sie blieben bis zur Sommerblüte in ihren Überwinterungsquartieren und wurden im Juli in die Heide gewandert. Einige von ihnen wanderte er bereits früher ab, um die Kleetracht zu nutzen. Die Hügel waren sehr nah. Ich kann mir nicht vorstellen, wie er die ganze Arbeit geschafft hat, aber es funktionierte.

Gewöhnlich rief George Hood mich etwa einmal pro Woche am frühen Morgen an und fragte warum ich noch nicht aufgestanden sei (sein Tag startete um 6:00 Uhr). Wir hatten weitreichende Diskussionen, meistens über die Imkerei, welche ich sehr genoss. Jetzt vermisse ich solche Anrufe, da sie den Tag aufzuhellen vermochten. Andererseits war es vielleicht gut, dass er den schlechten Sommer von 2012 nicht mehr erleben musste *(er verstarb vor 2012)*.

Vor einigen Jahren erzählte er mir in wöchentlichem Turnus, dass er die große Arbeitsmenge nicht mehr bewältigen könne und er bot mir 200 Bienenvölker zum Kauf an. Nun, zu der Zeit hatte ich nicht die finanzielle Reserve die ich jetzt habe. Wenn er nicht mit der Völkerzahl zurechtkam, wie sollte ich sie dann mit all den anderen, die ich schon hatte, managen? So nahm ich die Gelegenheit nicht wahr. Diese Entscheidung habe ich später bereut. Er wollte unbedingt, dass ich diese Bienen übernahm. Und als unsere Völkerzahl kürzlich schrumpfte, hätten wir sie gut gebrauchen können.

Ich bin sicher, dass Berufsimker in der ganzen Welt mit der Menge an Arbeit in der Spitze der Saison überfordert sind, was gegen alle Vernunft spricht und entmutigend ist. Aber dann gibt es keine andere Wahl, als weiterzumachen und die Saison durchzuziehen und das Beste daraus zu machen. Imker leiden unter geringer Disziplin genauso wie die Bienen.

Georg, der in einer Bergbaugegend im Süden von Edinburgh aufwuchs, ließ sich nicht unterkriegen. Einmal musste er Honig an das große Kaufhaus Jenners, Princes Street in Edinburgh liefern. Der Filialleiter war morgens immer schlechter Laune, aber am Nachmittag, wenn er mittags einige Gläser Bier getrunken hatte, war er die Freundlichkeit in Person. Nun, Georg lieferte den Honig am Morgen, lud ihn auf eine Lastkarre und schob ihn ins Lager, woraufhin der Filialleiter die Karre wieder auf die Straße hinausfuhr. Georg brachte den Honig wieder ins Lager und so ging es einige Male

Sir Jimmy Shand links im Bild und Georg Hood am Akkordeon. (Das Foto wurde freundlicherweise von Stuart Hood zur Verfügung gestellt)

hin und her verbunden mit vulgären Äußerungen. Georgs' Mutter, die zu einem Ausflug mit nach Edinburgh gereist war, regte sich so sehr über diese Auseinandersetzung auf, dass sie von einem Beobachter getröstet werden musste, der neben ihr im Taxi saß. Unglücklicherweise hatte sich dieser Herr schon länger nicht gewaschen, was sie noch mehr aufregte. Diesmal gewann letztendlich Georg und der Filialleiter ließ ihn in Ruhe.

Wie die meisten Imker war Georg ein Meister im „Beladen eines Transportfahrzeuges". Er kaufte einige Völker von Andrew Scobbie aus Kirkcaldy, Fife. Während des Transportes über die Forth Road Bridge *(Brücke in Edinburgh)*, gingen einige Beutendächer fliegen. Der nachfolgende Verkehr hatte eine aufregende Zeit.

George leitete über viele Jahr eine eigene Akkordeon-Band. Das war seine Winterbeschäftigung. Er liebte Akkordeonmusik und er war mit Jimmy Shand, dem Leader einer berühmten schottischen County Dance Band, befreundet. Einst besuchten meine Eltern und ich ein Konzert bei dem Georg spielte. Es war schwierig sich in dem Raum zu bewegen geschweige denn zu tanzen. Mir wurde erzählt, dass während seines Besuches in Australien jeder Saal, in dem er auftrat, bis auf den letzten Platz gefüllt war. Dies hat nicht viel mit Imkerei zu tun, außer dass Georg Hood mit Jimmy Shand befreundet war und er viel über Akkordeonmusik sprach. Und ich hörte ihm gerne dabei zu.

Alec Cossar

Alec Cossar war ein Lachsfischer (Jagdführer) aus Kelso, dort wo die Flüsse Teviot und Tweed zusammenfließen. Der Leser mag von dem international bekannten „Junction Pool" *(Angelveranstaltung)* gehört haben. Alec arbeitete dort, genauso wie in den nahegelegenen Flussbecken, in denen gefischt wurde. Dort traf er Menschen aus allen sozialen Schichten. Er schaffte es, sich mit allen auf deren Niveau zu unterhalten, was sehr wichtig war. Somit war er sehr beliebt und geachtet.

Üblicherweise trug er einen hellgrünen Tweed, Knickebocker, eine Weste, Hemd und Krawatte, eine Schiebermütze aus Tweed und schwere Halbschuhe, egal ob auf der Arbeit oder anderswo. Das war seine Uniform, so dass jeder seinen Beruf erkennen konnte.

Alec Cossar war ein wirklich hervorragender Imker. Er bewirtschaftete zehn Völker der Landrasse in Nationalbeuten (National Hive) mit doppeltem Brutraum. Einen dritten Raum füllte er mit Mittelwänden und setzte ihn unter die beiden Bruträume, um so Raum zur Ventilation und für das Durchhängen der Bienentraube zu schaffen. Die Bienen bauten die Mittelwände nicht aus, solange sie oben beschäftigt waren. Das Magazin wurde jedes Jahr wieder eingesetzt, bis die Mittelwände zerfielen. Diese Methode hielt die Bienen vom Schwärmen ab, so dass Alec Cossar nie auf Schwarmzellen kontrollieren musste. Er notierte sich das Alter der Königin und weiselte die Völker regelmäßig um, indem er sie mit Ablegern und deren junger Königin vereinigte. Damit waren seine

Beuten immer randvoll mit Bienen und in einem ausgesprochen guten Zustand für die Heide. In meiner Erinnerung waren die Völker von ihm genauso stark, wie die von Willie Smith.

Gegenüber Smith war er im Nachteil, denn dieser konnte seine Völker an geschützten, dauerhaften Standorten nahe der Heide aufstellen, so dass die Umstellung von der Produktion von Blütenhonig auf Heidehonig nahtlos ineinander überging. Damit war auch der Verlust an Sammelbienen, die ihre Beute nicht finden können, ausgeschlossen. Im Gegensatz dazu musste Alec Cossar mit seinen Bienenvölkern erst einige Kilometer weiter in die Heide in den Lammermuir Hills wandern. Das bedeutete, dass er Standplätze wählen musste, die er mit seinem Kombiwagen erreichen konnte und diese Plätze waren meist nicht ideal. Viele Flugbienen gingen verloren, da sie sich in einer unbekannten Umgebung wiederfanden. Wenn die Heide dann nicht honigte, wirkte sich dies ebenfalls nachteilig aus. Mitunter konnte es vierzehn Tage dauern, bis die Heideblüten Nektar produzierten. Smith's Bienen wussten jedenfalls innerhalb von einer halben Stunde, wann die Heide zu honigen begann. In der Zwischenzeit blieben sie in ihrem Stock und hielten ihren guten Zustand aufrecht.

Ein weiteres Problem für Cossar's Bienen war, dass sie Nächte mit sehr niedrigen Temperaturen überstehen mussten, welches sich durch leichte Nordwest-Winde in diesen Tälern noch verschärfte. Die Beuten hatten ein Flugloch von 1,9 cm Höhe und er benutzte Teppichfilz als Verschluss. Durch einen Zufall fand er heraus, dass die Bienen diese Widrigkeiten besser bewältigten, wenn er den Filz bis auf eine kleine Öffnung im Flugloch beließ. Er produzierte nur Scheibenhonig, da er so seinen Honig verkaufen konnte ohne Maschinen bei der Verarbeitung einsetzen zu müssen. Allerdings ist dieser in einer schlechten Saison nicht leicht herzustellen. Nichtsdestotrotz, in einer guten Saison konnte er eine Menge Heidehonig ernten.

Alec Cossar berichtete des Öfteren von nützlichen Kniffen in der Imkerei. Durch sie wurden komplizierte und arbeitsaufwendige Bearbeitungsmaßnahmen erleichtert auch ohne die Bienen aufzuregen.

Er hatte einen großartigen Sinn für Humor. Als ihn ein Landwirt anrief, um ihm mitzuteilen, dass Jungvieh auf seinem Standplatz einige Beuten umgerannt hatten, meinte er nur: „Sie müssen wohl masochistisch veranlagt sein."

Während einer Standbesichtigung begann ein Zuschauer sich zu beschweren und zu fluchen, da eine Biene unter seine Kleidung geraten war und sich bemerkbar machte. Nachdem die Besichtigung zu Ende war, machte Alec dem Zuschauer Vorhaltungen, dass er geflucht hatte obwohl der Pfarrer anwesend war. „Ich habe den Pfarrer nicht erkannt, da er einen Schleier trug", war die Antwort. Bei der nächsten Standbesichtigung trat Alec Cossar nach vorne und sagte mit lauter Stimme: „ Bevor wir starten, ist der Pfarrer hier?" Jeder begann zu lachen - außer vielleicht der Übeltäter. Der Pfarrer hieß

Rev. John Hall, der Vater von Anne Middleditch, die mir beim Schreiben des Buches geholfen hat.

Willie Kirkup

Willie Kirkup arbeitete über viele Jahre bei uns in der Imkerei. Während des Sommers hat er sich zuverlässig um unsere Ausrüstung gekümmert, so dass wir für den Start am Morgen fertig waren. Er selbst bewirtschaftete fünfzig Bienenvölker, trotz eines schweren Herzleidens. Während der frühen sechziger Jahre kaufte er einige italienische Königinnen, um seinen Bestand wieder zu vervollständigen. Es ist unnötig zu erwähnen, dass die mit Italiener-Königinnen versehenen Völker während der Winters eingingen, woraufhin er weitere Italiener-Königinnen kaufte. Wenn italienische Bienen einen Winter in Nord-Northumberland überstehen wollen, müssen sie durch Muskelzittern Wärme erzeugen. Ihr Stoffwechsel wird in dieser Jahreszeit weitaus mehr belastet als es sein sollte. Dies und die Tatsache, dass sie auf Heidehonig überwintern müssen, führt zu einer vermehrten Belastung des Darms. Da die Temperaturen generell sehr niedrig sind und sie zum Entleeren des Darms nicht fliegen können, erleichtern sie sich in der Beute. Unsere Dunkle Biene hingegen bildet eine dichte Wintertraube und schafft es auch über längere Zeit nicht auszufliegen.

Mein Vater sagte Willie Kirkup mit großer Eindringlichkeit, dass er sein Geld nicht an weitere Italienerbienen verschwenden, sondern sich um seine eigenen Bienen kümmern sollte. Seit dem Tag blühte seine Imkerei auf, indem er sechs Völker in einem Radius von 5 Meilen (etwa 8 km) aufstellte und so für eine ausreichende Ernährung sorgte. Schließlich wurde sein Gewinn zu einer Peinlichkeit für so einen kleinen Betrieb, weil seine Völker keine Kosten verursachten. Er vergaß nie sich bei meinem Vater für den vernünftigen Ratschlag zu bedanken. Ich weiß sehr wohl, dass ein Berufsimker nicht halbwegs mit einer so geringen Anzahl an Völkern wirtschaften kann und Italienerbienen sehr gut für Italien und ähnliche klimatische Verhältnisse geeignet sind.

Willie Kirkup war ein Kaninchenfänger und betrieb damit einen Handel. Er zahlte eine Pacht an den Landwirt und oft floss dieses Geld in die Pacht, die wiederum der Landwirt zahlen musste. Die meisten Landwirte mussten nur eine geringe Pacht zahlen, da die Landeigentümer sich in großem Maße für die Gemeinde einsetzten und Arbeitsplätze, kostenlose Wohnungen und Sicherheit für viele hundert Menschen schufen. Manche lokale Anwesen halten noch an diesen Prinzipien fest. Die Kaninchen wurden jedenfalls am frühen Morgen mit Fallen gefangen, zum nächsten Bahnhof transportiert und dort in den Lieferwagen des Händlers geladen. Von dort gelangten sie am gleichen Tag zu Wildhändlern im industriellen Mittelengland. Das war so lange ein gutes Geschäft, bis eine Prüfung durch das Finanzamt einsetzte.

Ein Stülper (Strohkorb) mit Honigwaben, gehalten von Tom Bradford

Willie Kirkup benutzte für die Transporte in seiner Imkerei einen Morris Lieferwagen. Ich fragte ihn irgendwann, warum er keinen Pickup fahren würde. Er meinte, dass niemand sehen sollte was er transportiert. Das ist eine typische Antwort eines Landbewohners. Wie auch immer, Lieferwagen sind keine guten Autos, um Bienen zu transportieren. Ein Landwirt erzählte mir, dass Willie Kirkup eine Straße entlang fuhr mit einem Vorhang von Bienen, der innen an der Windschutzscheibe des Autos hing. Er und sein Assistent trugen Schleier. Bei einer anderen Gelegenheit stieß er beim Durchqueren eines Heidemoores mit der Ölwanne seines Wagens gegen einen Felsbrocken. Die Beuten im hinteren Teil des Wagens rutschten auseinander und die Bienen griffen von hinten an. Er und sein Assistent lagen für einige Zeit mit dem Gesicht nach unten in der Heide, bis sich die Situation wieder beruhigt hatte. Sein Assistent weigerte sich danach in die Nähe der Bienenvölker zu gehen, so dass Willie Kirkup die Beuten selbst ausladen und später den Burschen ins Krankenhaus bringen musste. Später am Tag erhielt er die Nachricht von der Ehefrau seines Assistenten, dass dieser ihm nicht mehr helfen würde. Willie Kirkup war ein bisschen leichtsinnig. Vielleicht ist er während des Krieges so geworden, doch produzierte er eine Menge Honig und er war uns immer, wenn wir ihn brauchten, eine große Hilfe.

Tom Bradford

Tom Bradford hatte eine Imkerei an einem Ort der sich Castle Morton nannte, in der Nähe von Malvern in Worcestershire, mit 450 Völkern. Er hatte Völker in drei Landkreisen, und zwar Herefordshire, Worcestershire und Gloucestershire. Er stellte seine Völker in Obstplantagen auf, von denen einige ihm gehörten.

Tom war von jedermann sehr hoch angesehen. Er war nicht nur ein guter Imker und cleverer Geschäftsmann, sondern er leistete auch viel Arbeit für die Britische Imkervereinigung *(British Beekeepers Association (BBKA))*. Während andere ihre Bienenvölker kontrollieren mussten, half er der Organisation. Er knüpfte gern Kontakte zu anderen Imkern, sprach aber in einer schroffen, autoritären Art und Weise mit ihnen. Nahezu jeder mochte ihn. Er war eine Persönlichkeit. Er wusste einfach alles. Ich empfand ihn als Inspiration.

Er trug einen dunkelgrauen Anzug mit Hemd und Krawatte, wenn es sich um eine geschäftliche Angelegenheit handelte und ohne Kragen wenn er an den Bienen arbeitete. Georg Hood, der bei Willie Smith einen hohen Standard der Imkerei gelernt hatte, besuchte ihn, um sein Wissen zu erweitern. Sie fuhren raus, um Honigräume auf die Völker aufzusetzen. An einem Bienenstand hingen mehrere Schwärme in den Bäumen. Als sie die Honigräume aufgesetzt hatten, wollte Tom schon gehen. „Was ist mit diesen Schwärmen?", meinte Georg. „Wir haben verdammt keine Zeit uns um sie

Willie (links) und Tom Bradford in seiner Imkerei in Castle Morton, 1961.
(Wir bitten die Qualität des Bildes zu entschuldigen)

zu kümmern:", sagte Tom. „Wenn wir diese Honigräume nicht aufgesetzt bekommen, werden wir noch einige mehr von ihnen haben." Keine übliche Entscheidung, aber trotzdem die richtige. Georg jedenfalls amüsierte sich.

In einem guten Jahr konnte er 17 Tonnen Honig ernten. Seine Honigschleuder stand hoch oben im Honighaus. Der Motor war auf dem Dachboden montiert und trieb die Honigschleuder durch die Decke mit einem Flachriemen an. Danach lief der geschleuderte Honig in einen OAC *(Ontario Agriculture (Landwirtschafts-) College (Schule))*- Filter, bestehend aus konzentrischen Filtern, der gröbste innen, der feinste außen. Dann füllte er den Honig in golden lackierte Honigeimer. Seinen gesamten Honig, meist dunkler Honigtauhonig, verkaufte er unter seinem eigenen Etikett in regionalen Geschäften.

Wenn Besucher während der Honigschleuderung zu ihm kamen, drückte er ihnen ein großes Entdecklungsmesser in die Hand und einen Hobbock. Während sie sich etwas erzählten, sollten die Besucher beim Entdeckeln der Honigwaben helfen. Das Entdecklungswachs wurde in eine Zentrifuge gefüllt, um so den restlichen Honig vom Wachs zu trennen. Dieses war danach staubtrocken. Er verwendete für die Zentrifuge eine Kokosmatte als Filter, da diese elastisch war und nicht dauerhaft verstopfte. Wir verwenden diese Maschine auch heute noch. Diese Zentrifugen sind gefährlich wenn sie in Unwucht geraten - was manchmal passiert. Man muss auf ihren Ton achten. Wenn er sich verändert, muss man mit großen Problemen rechnen!

Tom wanderte jeweils mit fünfzehn Bienenvölkern in einem Austin A40 Pick-up in die Heide. Unten standen sechs Völker, darauf weitere neun, deren Bodenbretter auf der Kante der Karosserie auflagen. Dies ergab zwar eine kompakte Ladung, war aber auch sehr riskant. Bei einer Gelegenheit war sein junger Helfer zu Toms großer Verärgerung am Morgen zu spät zur Arbeit erschienen. Nachdem sie die Völker aufgeladen hatten, nahmen sie eine Abkürzung entlang schmaler Straßen, um damit Zeit aufzuholen. Dort kamen sie zu einer Baustelle, an der Männer am Straßenrand einen Graben aushoben, zweifellos Freunde aus Irland. Als der Pick-up über die Erdhaufen fuhr, löste sich eine Beute und fiel herunter. „Wir können nicht stoppen“, meinte Tom, eine Auseinandersetzung mit den Iren befürchtend. Das wird sicherlich eine Weile zur Unterbrechung der Erdarbeiten geführt haben. Zur Freude eines ansässigen Imkers gab es dadurch ein Bienenvolk umsonst.

Tom Bradford hielt immer sehr ausführliche Vorträge. Eine Dame im Publikum, die staunte woher er all seine Informationen hatte, fragte ihn, ob er viele Bücher gelesen hätte. Er verneinte dies, aber wenn er Bücher bekäme, würde er sie grundsätzlich seinen Bienen zu Lesen geben! Dies war eine freche Antwort auf eine freche Frage.

Tom's Frau züchtete Kälber für den Kidderminster Markt. Dies war ein kleines Gewerbe innerhalb eines größeren Betriebes. Es war ein Privileg, diese einfallsreichen, unabhängigen Menschen zu kennen.

Ermutigung für Anfänger

von Selby Robson

Vor vielen Jahren war ich auf einer Landwirtschafts - und Gartenbauausstellung in Edinburgh in Begleitung eines Beamten des schottischen Landwirtschaftsministeriums. Als wir die Imkereiausstellung erreichten, sahen wir ein Transparent mit der Aufschrift „Die Bienenhaltung als Zeitvertreib und zur Gewinnerwirtschaftung". Mein Freund meinte: „Vielleicht für das Vergnügen, aber nicht um einen Gewinn zu erwirtschaften, - nein mit der Imkerei ist kein Gewinn zu erzielen". Ich konnte mich dieser Aussage in keiner Weise anschließen, weil ich viele Gärtner, Jagdpächter und andere Landarbeiter kannte, die - in Zeiten geringer Bezahlung - darauf angewiesen waren den Honig ihrer Bienenvölker zu verkaufen. Nur so konnten sie sich zusätzlichen Luxus leisten, den sie sonst nicht gehabt hätten.

In längst vergangenen Zeiten, vor Einführung chemischer Spritzmittel auf den landwirtschaftlichen Flächen, war es vergleichsweise einfach ohne großen Aufwand eine gute Honigernte zu erwirtschaften. Denn üblicherweise stand eine kontinuierliche Folge an nektarproduzierenden Pflanzen während des Sommers zu Verfügung, wie z.B. Ackersenf in den Kornfeldern, gefolgt von Weißklee in den Wiesen und zum Schluss die Heide in den Hochmooren. Obwohl moderne landwirtschaftliche Produktionsmethoden viele dieser Bienenweidepflanzen vernichtet haben, ist es auch jetzt noch möglich mit umsichtiger Betriebsweise akzeptable Erträge in fast jeder Saison zu erzielen.

Die Rolle der Honigbiene in der Natur ist die eines Bestäubers und der Überschuss an Honig und Bienenwachs sind willkommene Nebenprodukte. Mit der Bestäubung von Obst und Saatgut leisten die Honigbienen einen enormen Beitrag zur Ernährung der Weltbevölkerung.

All unsere Früchte und viele Sorten Saatgut sind auf die Insektenbestäubung angewiesen. Dort wo diese Feldfrüchte in großen Mengen angebaut werden, reicht die Bestäubung durch wilde Bestäuber nicht mehr aus. Ein perfekt entwickelter Apfel muss 10 Samen im Kerngehäuse aufweisen und das macht eine ordentliche Bestäubung notwendig. So wurden tausende von Bienenvölkern von benachbarten Bezirken zur

Bestäubung nach Kent gewandert. Die Erzeuger zahlten glücklicherweise mehr als 20 £ (heute etwa 23 €) pro Volk für deren Bestäubungsleistung. In unserer Region verlangen die Landwirte lautstark nach Bienen für die Bestäubung ihrer Raps - und Bohnenfelder (Dicke Bohnen, Saubohnen). In den USA sind einige Imkereien völlig abhängig von Bestäubungsprämien, indem sie mit den Völkern in aufeinanderfolgende Trachten während der ganzen Saison wandern.

Jüngste Entwicklung sind die in Treibhäusern gezogenen frühen Erdbeeren. Durch die Aufstellung eines Volkes pro Treibhaus konnte die Qualität und die Quantität um 100% gesteigert werden.

So sollte jeder, der ein Bienenvolk im Garten hält Qualitätsfrüchte erwarten. Auch dessen fruchtanbauenden Nachbarn im Umkreis von 1 Meile (etwa 1,6 km) werden davon profitieren.

Bevor man sich für das Imkern als Hobby entscheidet, bedarf dieser Schritt reiflicher Überlegung. Ein Bienenvolk ohne Vorwissen über Bienen und deren Bearbeitung zu erwerben wird oft in Enttäuschung und einer Katastrophe enden. Der beste Weg mit dem Imkern zu beginnen, ist einem lokalen Imkerverein beizutreten. Durch den Besuch der Versammlungen und das Gespräch mit den Mitgliedern wird der Anfänger sie als freundlich und hilfsbereit erleben. Fragen Sie, ob einer Ihnen erlauben wird bei der Bearbeitung der Völker zu helfen - seien Sie für eine Saison der „Laufbursche". Hat man einiges bei der Bearbeitung gesehen und man reagiert nicht zu heftig auf ein oder zwei Stiche, kann man mit der Anschaffung eines Ablegers in der nächsten Saison beginnen und diesen zu seiner vollständigen Stärke aufbauen.

Dann wird man feststellen, dass man sich ein sehr interessantes Hobby zugelegt hat, welches einige Überraschungen und viel Freude bereithält und - hoffentlich auch etwas Honig, der beim Verkauf einen Erlös erzielt.

Nachruf für William Selby Robson

von John Gleed:

Schottischer Berichterstatter von
Der Imker, Quartalszeitschrift, Frühjahr 1990, Ausgabe Nr. 21

Mr. William Selby Robson war 84 Jahre alt als er am ersten Februar dieses Jahres starb. Dies waren schlechte Nachrichten, aber gleichzeitig habe ich mich mit Freude an die vielen Gelegenheiten des Zusammentreffens zu unterschiedlichen Anlässen mit ihm erinnert. Ich traf ihn in den unmittelbaren Nachkriegsjahren, als er Bienenzuchtberater für die „Borders" war und sein Büro in Newtown St. Boswells hatte. Zu dieser Zeit

Selby (links) und Willie Robson stehen hier vor Willies erstem Unimog

fuhr er einen weißen Pick-up und noch jetzt kann ich mich an die Buchstaben des Kennzeichens erinnern: OPX. Ich kann mich nicht an die Ziffern erinnern, aber OPX war genug, und so manches Mal in den folgenden Jahren habe ich die Nummernschilder der Fahrzeuge in der Kelso Square überflogen. Und wenn ich OPX sah, wusste ich, dass Chancen bestanden ihn zu treffen und mich mit ihm über Bienen zu unterhalten. Rückblickend muss ich eine schreckliche Nervensäge gewesen sein und Selby sei um Vergebung gebeten, dachte er bei sich, wenn er mich auf sich zusteuern sah: „Oh nein, nicht schon wieder dieser Kerl!" Ich erinnere mich an einen Winterabend mit Schnee, als ich mit ihm gemeinsam in dem Pick-up auf der Kelso Square gesessen habe, und wie er mich im Zusammenhang mit einem Fachkundenachweis für Imker für den Schottischen Imkerverband befragte. In einem Jahr hielt er eine Serie von sechs Vorträgen in der Dorfschule von Eccles, ein Dorf sieben Meilen von mir entfernt. Es war im Januar und Februar und jeden Montag Abend fuhr ich 14 Meilen mit dem Fahrrad, um auf dem Stuhl in der Schule zu sitzen, wenn er die Geheimnisse der Bienen vor uns ausbreitete. Seine Fähigkeit des Lehrens war, Interesse zu wecken und Begeisterung einzuflößen, so dass ich den nächsten Montag kaum erwarten konnte. Die Imker des schottisch-englischen Grenzgebietes schulden ihm einen großen Dank.

Meine dauerhafte Erinnerung an Selby Robson war sein Imker-Outfit. Eine alte Burberry Regenjacke, einen Hut mit großer Krempe und einen einfachen schwarzen Schleier. Dieses Outfit mag im Extremfall sehr einfach gewesen sein, vor allem bei den heutigen Standards. Aber das tat seinen imkerlichen Fähigkeiten keinen Abbruch. Es ist mehr als dreißig Jahre her, dass ich ihn zuletzt gesehen habe, aber kürzlich, vielleicht eine Sache von Monaten, sah ich ein Foto von ihm und auch jetzt noch erkenne ich den Mann, wie ich ihn in Erinnerung habe. Sein Sohn Willie ist ein prominentes Mitglied der heutigen Weltimkereien, und wir sprechen Mrs. Robson, Willie und seiner Familie unser Beileid aus. Ich persönlich habe viele schöne Erinnerungen an den Mann, der mich in diese Zunft eingewiesen hat und ich bin sehr glücklich über die Möglichkeit hier meine aufrichtige Anerkennung für ihn auszudrücken.

As bees flee hame wi' lades o' treasure,
The minutes wing'd their way wi' pleasure

Auszug aus Tom O'Shanter
Robert Burns

Wenn Bienen heimwärts fliegen wie Burschen zu ihrem Schatz.
Die Minuten werden vorüberfliegen bei dieser Art Vergnügen.

Glossar

von Anne Middleditch

Ableger

- ein kleines Volk, das normalerweise aus 3 bis 5 mit Bienen besetzten Waben besteht. Geeignet für Anfänger um mit Bienen zu beginnen. Auf den Ablegerverkauf spezialisierte Imkereien verkaufen eher Ableger statt große Wirtschaftsvölker.

Absperrgitter

- ein Schied mit Schlitzen oder Löchern, welches zwischen dem Brutraum und dem Honigraum eingelegt wird. Die Arbeitsbienen gelangen durch die Schlitze hindurch, jedoch nicht die (größere) Königin, deren Bewegungsfreiheit somit auf den Brutraum beschränkt ist. Dies verhindert, dass sie Eier in den Honigwaben ablegt. Absperrgitter gibt es als einfache Schiede aus Zink oder Plastik oder in besserer Qualität als Holzrahmen mit Drahtgitter.

Ackersenf

- und Distel sind beides weit verbreitete Pflanzen auf landwirtschaftlichen Flächen. Sie ernähren die Honigbiene und andere Insekten, aber wenn sie zu „Unkräutern" werden, müssen sie beseitigt werden.

Amerikanische Faulbrut (AFB)

- ist eine schwerwiegende bakterielle Erkrankung der Bienenbrut. Sie befällt die Bienenlarven. Die AFB ist eine meldepflichtige Krankheit und muss den Behörden schon bei Verdacht gemeldet werden. Es gibt keine Behandlungsmöglichkeit und betroffene Völker müssen vernichtet werden, indem sie mitsamt der Rähmchen verbrannt werden. Der Brutraum muss zur Desinfektion abgeflammt werden. Diese Maßnahmen werden von einem Bienensachverständigen durchgeführt.

Anfangsstreifen

- schmale Mittelwandstreifen, die am Oberträger der Honigraumrähmchen befestigt werden, um den Bienen so die Richtung vorzugeben, wo sie die Honigwabe bauen sollen. Diese Methode ist ideal für „Waben- oder Scheibenhonig" (bei dem Honig samt Wachs gegessen wird) oder für Waben, die zermahlen werden können, um dann den Honig vom Wachs zu trennen.

Ausgebaute Waben

- das bedeutet, dass die Bienen die Waben bzw. die einzelnen Zellen einer Wabe ausgehend von der Mittelwand mit Bienenwachs auf- und ausgebaut haben. Die Mittelwand wird vom Imker im Rähmchen befestigt.

Begattungskästchen

- sehr kleine Bienenbehausungen, die nur eine Handvoll Bienen und eine Königinnenzelle/ Königin aufnehmen können. Sie werden abseits des Bienenstandes aufgestellt, bis die Königin begattet ist und Eier legt. Die Begattungskästchen werden von manchen Königinnenzüchtern verwendet, da sie nur mit wenig Bienenmaterial befüllt werden müssen.

Belüftung

- bei sehr heißer Witterung kann der Brutraum etwas angehoben werden, um eine bessere Ventilation zu erreichen und das Volk vor Überhitzung (Verbrausen) zu schützen. Ein leerer Brutraum zwischen den mit Bienen gefülltem Brutraum und das Bodenbrett gesetzt, erfüllt den gleichen Zweck.

Benzol

- vor langer Zeit wurden Bienenvölker, die an der Milbenseuche erkrankt waren, durch Verdampfung eines Produktes, dass Benzol enthielt, behandelt. Dies kommt nicht mehr zum Einsatz, zumal die Milbenseuche heute nicht mehr die Bedeutung wie damals hat.

Bestäuber

- Honigbienen sind sehr effiziente Bestäuber und die Bestäubung ist der wichtigste Teil ihrer Tätigkeit. Sie sammeln unermüdlich Pollen für ihre Ernährung. Dabei haftet der Pollen in ihrem Haarkleid und wird so von einer Blüte zur nächsten übertragen. Sie sind „blütenstetig"; das bedeutet, dass die Bienen während ihrer Sammelflüge (Pollen und Nektar) ausschließlich eine Pflanzenart anfliegen. Wenn sie den Winter überstanden haben, können sie mit einer großen Anzahl an Sammelbienen die Frühjahrsblüher bestäuben. Ein großer Anteil unserer Kulturpflanzen ist von der Bestäubung durch die Bienen abhängig.

Bestäubung

- der Transfer des Pollens von dem männlichen Teil einer Pflanze auf den weiblichen Teil derselben Pflanze oder derselben Art. Bestäubung ist der Wegbereiter für die Befruchtung von Samen und Früchten. Selbstbestäubung bedeutet, dass die Pflanze mit dem eigenen Pollen bestäubt wird. Als Fremdbestäubung bezeichnet man die Übertragung von Pollen einer Blüte auf die Narbe einer Blüte einer anderen Pflanze, aber der gleichen Art. Die Selbstbestäubung kann zu Inzucht führen, die Fremdbestäubung sichert eine genetische Vielfalt und ist deshalb wünschenswert.

Bienenstand/Standplatz

- ist der Ort an dem die Bienen gehalten werden.

Bienenwachs

- Bienenwachs wird von den Bienen in ihren Wachsdrüsen am Unterleib produziert. Sie bauen sämtliche Waben ihres Nestes mit Bienenwachs. Alle Waben hängen senkrecht. In ihrer Mitte befindet sich eine Mittelwand, die zu beiden Seiten mit sechseckigen Zellen ausgebaut wird. Die Zellen werden als Vorratskammer oder zur Aufnahme der Brut genutzt. Nester von wildlebenden Bienen haben mehrere parallel gebaute Waben, die senkrecht in einem Hohlraum hängen. In einer Bienenbeute bauen die Bienen ihre Waben in die vom Imker benutzten Holzrähmchen.

Bienenzaun

- ist ein überdachte Schutzhütte für Strohkörbe. Einige waren sehr einfach gebaut, aus Stein- oder aus Backsteinmauern. Andere waren aufwendigere Bauwerke, aus Stein oder Holz mit genügend Platz für mehrere Strohkörbe.

Brut

- die unterschiedlichen Entwicklungsstadien der Honigbiene: Ei, Larve, Puppe

Brutraum

- der Brutraum ist ein Teil der Beute (Magazin), nimmt die Brutwaben auf und ist größer und höher als ein Honigraum, worin der Honig abgelagert wird. Wird ein leeres Magazin unter den Brutraum gestellt, kann bei sehr heißem Wetter die Ventilation im Bienenstock positiv beeinflusst werden. Wenn ein Bienenvolk überhitzt, wird es entweder schwärmen oder komplett ausziehen. In extremen Fällen schmelzen die Waben.

Carnicabiene

- die Carnicabiene (auch Kärntner Biene genannt) ist eine Rasse, die ursprünglich aus Österreich, Jugoslawien und anderen Ländern der Donauniederung bis hin zum Schwarzen Meer kam.

Colony Collapse Disorder (CCD)

- diese Bezeichnung wird benutzt, um den unerwartet plötzlichen Tod oder den Kollaps eines Bienenvolkes zu beschreiben. Es scheint keine einzelne spezielle Ursache dafür zu geben. Es wird die Kombination von mehreren Faktoren, wie zum Beispiel die Anwendung von Pestiziden, die Aufeinanderfolge mehrerer schlechter Sommer und Winter, der Varroabefall und Stress diskutiert. In den USA ist dieses Problem besonders ausgeprägt, da die Betriebsweisen der Berufsimkereien die Völker einem enormen Druck aussetzen.

Doppelwandige Beute

- so konstruiert, dass die inneren Magazine, die die Rähmchen aufnehmen und von den Bienen bewohnt werden, von einer äußeren Konstruktion („Außenwand") geschützt werden. Sie ist so gebaut, dass sich die „Außenwände" dachziegelartig aufeinander setzen lassen und ist typisch für „Landhaus-Beuten". Dadurch wird eine gute Isolation erreicht. Die doppelwandige Beute ist aber teuer in der Anschaffung oder im Selbstbau und viel zu schwer für eine Wanderimkerei.

Dunkle Bienen

- „Gelbe Bienen" - unterschiedliche Bienenrassen, mit unterschiedlichen charakteristischen Merkmalen, wie zum Beispiel Farbe, Länge der Zunge, Stärke der Körperbehaarung, Größe usw. Diese Merkmale bilden sich aus, wenn sich die Bienen ihrer lokalen Umgebung anpassen. Die italienische Biene hat zum Beispiel gelbe Ringe an ihrem Hinterleib, die nördliche Biene dagegen ist dunkel gefärbt.

Dyce-Verfahren

- eine Methode in der Verarbeitung von Honig, indem er erwärmt wird, um grobe Kristalle zu schmelzen, und dann zügig gekühlt wird. Durch Zugabe feinster Honigkristalle wird der frische Honig zu feiner Kristallisation angeregt. Das Ergebnis ist ein cremiger, streichfähiger Honig. Prof. Elton J. Dyce, Kanada, entwickelte 1927 diese Methode, die heute in der ganzen Welt verbreitet ist. (*(Anmerkung der Übersetzerin: In Deutschland bezeichnet man das Einbringen feinster Kristalle in den frisch geschleuderten Honig als Impfen.)*

Einengung (einengen)

- die Wabenfläche auf der die Königin Eier legen kann wird verkleinert. Demzufolge wird auch das Brutnest eingeschränkt. Dies bewirkt, dass Stockbienen nicht mehr zur Pflege der Brut und im Stock gebraucht werden und zu Sammelbienen werden. Bienen, die in einer Region ansässig sind, werden sich oft so verhalten, während importierte Bienen es nicht tun. Die Einengung ist dann eine wichtige Verhaltensweise, wenn die Trachten im Norden nur vereinzelt auftreten.

Einheimische Rasse

- der lokal beheimatete Bienenstamm in einem bestimmten Gebiet. Die Honigbiene ist weit verbreitet in ganz Afrika und Europa. Alle Bienen in den unterschiedlichen Regionen gehören zur selben Art - Apis mellifera. Allerdings haben sich eigenständige Rassen in den verschiedenen Gegenden ausgeprägt, da sie mit den lokalen Gegebenheiten zurecht kommen mussten. Diese Unterschiede finden sich im anatomischen Aufbau oder in ihrem Verhalten. Zum Beispiel hat die Kaukasische Bienen aus Ost-Europa eine längere Zunge, um den Nektar in der Blüte des Rotklees zu erreichen. Die Carnicabiene kann strenge Winter überstehen und entwickelt sich schnell im Frühjahr. Nördliche Rassen weisen ein stärkeres Haarkleid auf, das sie warm hält. In Amerika, Australien oder Neuseeland gab es ursprünglich keine einheimischen Honigbienen. Sie wurden von Imkern dorthin eingeführt.

Einknäulen der Königin

- aus irgendeinem Grund finden die Bienen keinen Gefallen mehr an ihrer Königin und versuchen sie zu ersticken. Sie bilden dann ein dichtes Knäul um sie herum. Dieses Knäul kann die Größe eines Golfballes annehmen. Das Einknäulen geschieht häufig, wenn eine neue Königin in ein Volk eingeweiselt wird, ohne das der Imker Schutzmaßnahmen, wie zum Beispiel die Verwendung eines Königinnenkäfigs, ergriffen hat.

Europäische Faulbrut (EFB)

- ist eine Krankheit der jungen Bienenbrut, ausgelöst von einem Bakterium. Das Volk stirbt in seltenen Fällen, aber es ist geschwächt. EFB ist eine meldepflichtige Krankheit, d.h. allein der Verdacht muss gemeldet werden. Der Bienensachverständige kann eine Behandlung mit Antibiotika oder ein Abtöten des Volkes bei sehr starkem Befall anordnen.

(Anmerkung der Übersetzerin: In Deutschland ist eine Behandlung mit Antibiotika verboten.)

Extraflorale Nektarien

- einige Pflanzen produzieren Nektar in Nektarien, die außerhalb der Blüte liegen. Diese können an Blattachseln, Blättern oder Stängeln gefunden werden. Der Nektar aus den extrafloralen Nektarien stammt aus dem gleichen Siebröhrensaft wie der Blütennektar und wird ebenfalls von den Bienen gesammelt und zu Honig verarbeitet. Dicke Bohnen, Lorbeer und Kirschen sind Beispiele dafür.

Fluchtverhalten

- wenn alle Bienen oder Teile des Volkes die Beute verlassen.

Flugling

- das Schwärmen ist für die Bienen der natürliche Weg sich zu vermehren, wobei die Hälfte des Volkes mit der alten Königin den Stock verlässt, um sich in einer neuen Behausung einzurichten. Hat ein Bienenvolk bereits Schwarmvorbereitungen getroffen, ist aber noch nicht geschwärmt, wird der Imker das Volk teilen, bevor er einen Schwarm verliert.

Honigraum/-zarge

- der Honigraum, in dem die Bienen ihren Honig lagern, wird über den Brutraum gesetzt. Bienen lagern ihren Honig immer über der Brut, selbst wild lebende Völker. Dies macht es dem Imker einfacher den überschüssigen Honig zu entnehmen, ohne die Bienen zu sehr zu stören.

Honigraumrähmchen

- siehe Bienenwachs

Honigtau

- dies ist eine süße, klebrige Substanz, die von Läusen ausgeschieden wird, die sich vom Pflanzensaft ernähren. Der Honigtau wird von den Bienen gesammelt und es entsteht daraus Honig. Er wird als Honigtauhonig bezeichnet und kann in seiner Farbe von goldbraun bis fast schwarz variieren.

Ilse of Wight - Krankheit

-abgekürzt IOW - in den frühen Jahren des zwanzigsten Jahrhunderts dezimierte eine Krankheit tausende von Bienenvölkern in Großbritannien. Die Probleme begannen 1904 auf der Isle of Wight, daher der Name. In den 1920iger Jahren wurde die Tracheenmilbe entdeckt und diese Milbenkrankheit sofort (und fälschlicherweise) für die IOW-Krankheit verantwortlich gemacht. Für viele Jahre wurde die Krankheit durch die Tracheenmilbe als IOW-Krankheit bezeichnet.

Jungvölker/Ableger

- einige Imker teilen ihre Völker und bilden Jungvölker/Ableger, mit dem Ziel ihre Völkerzahl aufzustocken. Dies kann die Bienen belasten, wenn sie nicht in Schwarmstimmung sind.

Karbolineum

- vor vielen Jahren benutzten Imker Karbolineum als Holzschutzanstrich für ihre Bienenbeuten. Weil es in Verdacht steht krebserregend zu sein, ist es im Handel nicht mehr erhältlich. Der strenge Geruch kann den Geschmack des Honigs beeinträchtigen, da dieser Fremdgerüche schnell annimmt.

Kastenentstehung

- in der Insektenforschung beschäftigt sich ein Teilgebiet mit der Beschreibung der gleichgeschlechtlichen Individuen, die sich aber in ihrem anatomischen Aufbau und ihrem Verhalten unterscheiden. Im Bienenvolk leben zwei Kasten, die Königin und die Arbeitsbiene. Sie sind beide weiblich, aber ihre Anatomie und ihr Verhalten sind sehr unterschiedlich. Ebenso gibt es die männliche Biene, Drohne genannt.

Königinnenzelle/Weiselzelle

- eine sich entwickelnde Königin wird von den Bienen in einer speziellen Zelle herangezogen- lang, eichelförmig und mit der Öffnung nach unten hängend - dies gibt der sich entwickelnden Königin genug Platz, um zu wachsen.

Königinnenzüchter

- ein Imker, der seinen Betrieb auf die Zucht von Königinnen spezialisiert hat. Er verkauft die begatteten und Eier legenden Königinnen an andere Imker.

Kunstschwarm

- ist eine Methode, um Bienen in eine neue Beute mit neuen Waben umzusiedeln. Alle Waben werden nacheinander aus der alten Beute herausgenommen und die Bienen in eine neue Beute abgeschlagen. Dies wird durchgeführt, wenn in Völkern Krankheiten - wie die Nosematose- gefunden wurden, um diese zu eliminieren. Diese Manipulation ist für die Bienen sehr belastend.

Linienzucht

- es wird von selektierten Bienenvölkern eines Bienenstandes nachgezogen. Diese Völker geben die charakteristischen Eigenschaften wieder, die der Imker wünscht, zum Beispiel eine gute Honigernte, geringe Schwarmneigung, Sanftmut. Von diesen Völkern werden Königinnen nachgezogen und dann gegen weniger guten Königinnen ausgetauscht. Der ganze Bestand eines Bienenstandes kann somit außerordentlich verbessert werden.

Milbenseuche (Tracheenmilbe, Acarapiose, Arariose)

- diese Erkrankung betrifft das Tracheensystem der Honigbiene (Atemröhre). Diese

Krankheit wird durch eine winzige Milbe - Acarapis woodi - hervorgerufen, welche das Tracheensystem infiziert, wo sich ihr kompletter Lebenszyklus abspielt. Krabbelnde und sterbende Bienen können ein Indiz für die Milbenseuche sein, wobei auch Viruskrankheiten solche Symptome zeigen.

Mittelwand

- dünne Platte aus Bienenwachs, in der das Sechseckmuster vorgegeben ist, um den Bienen eine Grundlage zu geben. Der Imker kann damit kontrollieren, wo die Bienen ihre Waben bauen.

Nachschaffungszellen

- wenn ein Volk plötzlich seine Königin verliert, werden die Bienen eine Nachschaffungzelle ziehen. Dafür benutzen sie eine junge Larve in einer Arbeiterinnenzelle, die sie dann zu einer Königinnenzelle erweitern und mit der Öffnung nach unten bauen. Eine Nachschaffungszelle ist üblicherweise im Zentrum der Brutfläche zu finden, statt am Rand der Wabe, wie bei den Schwarmzellen.

Nachschwarm

- ein zweiter oder weiterer Schwarm, der nach dem Verlassen des Vorschwarms die Beute verlässt. Er wird von einer unbegatteten Königin angeführt.

Niederländischen Korbbienen

- der Gebrauch von Strohkörben war in Holland weitaus länger üblich als in unserem Land. Der holländische Strohkorb war viel höher und konischer geformt als der britische. Die Niederländer züchteten eine Biene, die für diese Art der Imkerei geeignet war.

Nosemose (Nosematose)

- ist eine ansteckende Krankheit der erwachsenen Biene, ausgelöst durch Sporen, die sich im Verdauungsapparat vermehren. In schweren Fällen ist das Bienenvolk so geschwächt, dass es für die Honigproduktion unbrauchbar ist. Ein Zeichen für eine Nosemainfektion ist die zögerliche Entwicklung des Volkes im Frühling.

Notorischer Schwärmer

- ein Bienenvolk mit einem sehr ausgeprägten Schwarmtrieb. Der Imker versucht diese Eigenschaft zu beseitigen, indem er eine neue Königin mit Abstammung aus einem schwarmträgen Volk einweiselt.

Paketbienen

- Bienenvölker mit einer begatteten Königin, die in einer Box ohne Rähmchen transportiert werden. Der Imker füllt sie in eine neue Beute. Amerikanische Imker haben

Paketbienen aus Australien gekauft, um die Anzahl ihrer Völker wieder aufzustocken, nachdem sie in den letzten Jahren schwere Verluste hinnehmen mussten.

Prophylaktisch

- in der Imkerei bedeutet das, dass einem Bienenvolk Medikamente verabreicht werden, obwohl nicht bewiesen wurde, dass es erforderlich ist.

Propolis

- auch Kittharz genannt, besitzt eine antibiotische und pilztötende Wirkung. Es ist ein natürliches Produkt der Bienen, die dafür Harz von Bäumen und Pflanzen verwenden. Sie sammeln das Harz von klebrigen Knospen oder an der Rinde von Bäumen. Sie mischen es mit Wachs und anderen Substanzen. Honigbienen benutzen Propolis, um damit kleine Löcher oder Ritzen in ihrer Beute zu verschließen oder die Beuteninnenseite damit auszukleiden. Dies ist der Grund für die Behauptung, dass das Bienennest der hygienischste Platz in der Natur ist. Propolis findet in Salben oder anderen pharmazeutischen Produkten Verwendung, da es heilende Eigenschaften besitzt. Propolis ist eine Mischung aus Harz, Bienenwachs, ätherischen Ölen, Pollen, organischen Substanzen, Mineralien, Vitaminen und anderen untergeordneten Bestandteilen. Der Harzanteil beträgt bis zu 50%, der Wachsanteil etwa 30%. Propolis ist reich an Spurenelementen, wie Eisen, Kupfer, Mangan und Zink.

Rähmchen

- Imker benutzen rechtwinklige Rähmchen, bestehend aus einem Oberträger, Seitenteilen und einem Unterträger. Die Bienen bauen ihre Waben innerhalb dieser Rahmen, so dass der Imker kontrollieren kann wo die Waben gebaut werden. Außerdem kann er jede einzelne Wabe leicht herausnehmen.

Ruhr

- Ursache können andere Krankheiten sein, wie Nosemose oder eine Ernährungsstörung, verursacht durch vergorene Vorräte. Im Sommer entleeren die Bienen ihren Darm abseits der Beute und die Symptome werden nicht wahrgenommen. Im Winter, wenn die Bienen einen eingeschränkten Flugbetrieb haben, kann es vorkommen, dass sie ihren Darm im Stock auf den Waben entleeren. Diese sind dann unbrauchbar.

Schlacke

- Thomasschlacke, basische Schlacke, ist ein Nebenprodukt aus der Stahlindustrie. Die Schlacke ist reich an Kalk und wurde als Langzeitdünger auf den Feldern eingesetzt, um das Wachstum des wilden Weißklees zu fördern. Der Klee speichert Luftstickstoff, der wiederum das Graswachstum fördert. Tiere fressen das Gras und produzieren ihrerseits Dung. Diese landwirtschaftliche Methode wurde in den frühen Jahren des 20igsten Jahrhunderts praktiziert und ernährte so viele Bienenvölker.

Schwarm

- Bienen vermehren sich durch „Schwärmen", d.h. die Hälfte des Bienenvolkes verlässt mit der Königin die alte Beute und baut anderswo ein neues Nest. Die zurückgelassene andere Hälfte des Volkes zieht sich eine neue Königin.

Schwarmbienen (Repleten)

- einige Bienen speichern Honig in ihrer Honigblase, so zu sagen als Vorratsspeicher zur Vorbereitung zum Schwärmen. Diese Bienen werden Schwarmbienen genannt. Andere Insekten haben ebenso Repleten in ihren Völkern. So können zum Beispiel die Arbeiterinnen der Honigtopfameise das eingetragene Futter in einem Kropf speichern.

Sektions (Kassettenwaben)

- kleine, quadratische offene Kästchen, 11 x 11 x 4,7 cm, welche die Bienen mit Wabenhonig füllen. Erstmals 1857 eingeführt, waren sie eine beliebte Möglichkeit Waben-/Scheibenhonig zu gewinnen. Runde Sections, bekannt als „Cobana", wurden vor einigen Jahren eingeführt. Aber die Produktion von Wabenhonig ist mehr oder weniger ausgestorben, ausgenommen von einigen Liebhabern.

(Anmerkung der Übersetzerin: als „Cobana" oder „Ross Rounds" bezeichnet man in GB runde Kunststoffringe, in die die Bienen Waben bauen und diese mit Honig füllen. Zum Verkauf werden die Kunststoffringe/Sektionen entnommen und mit Klarsichtdeckeln verschlossen.)

Sektions-Beuten

- Imker, die sich auf die Produktion von Waben-/Scheibenhonig spezialisiert haben, züchteten Bienen mit dem Ziel, perfekt gefüllten und verdeckelten Waben-/Scheibenhonig zu ernten. Jedes Volk, das den Standard nicht erfüllt, wird umgeweiselt und erhält eine Nachzuchtkönigin aus einem guten Volk.

Sekundärinfektion

- diese folgt der Hauptinfektion. Die Bienen sind bereits gestresst und erliegen so anderen Krankheiten. Ein Volk mit Varroamilben wird dann Symptome anderer Leiden, wie zum Beispiel die des Paralysevirus aufweisen.

Strohkorb

- eine kuppelförmige Bienenwohnung, die aus ineinander verdrehtem Stroh oder aus geflochtenen Weidenruten hergestellt wird. Strohkörbe wurden bis zur Einführung von Holzbeuten mit beweglichen Rähmchen viele Jahrhunderte von Imkern zur Bienenhaltung genutzt.

Styroporbeuten

- die hervorragende Isolationseigenschaft dieses Materials hält die Bienen in kalten Klimazonen warm.

Tracheenmilbe

- die Krankheit heißt Acariose und beeinträchtigt die Tracheen (Atemwege) der Honigbiene. Sie wird durch eine winzige Milbe (Acarapis woodi) ausgelöst, die die Atemwege befällt und wo deren kompletter Lebenszyklus abläuft. Krabbelnde und sterbende Bienen können ein Hinweis auf diese Bienenkrankheit oder auf eine Viruserkrankung sein.

Trachtlücke

- ein Zeitraum, in dem es an Nektar mangelt. Tritt meist im Juni auf, zwischen der späten Frühjahrtracht und den später blühenden Pflanzen. Für Imker ist es wichtig sich dessen bewusst zu sein, denn die Völker können verhungern, wenn der Frühjahrshonig entnommen wurde.

Unterstand

- ein gemauerter Unterstand für Schafe, normalerweise rund mit einem Eingang. Manchmal ist der Unterstand überdacht.

Varroamilbe

- ist eine parasitierende Milbe, die vom Blut (Hämolymphe) der erwachsenen Bienen und der Brut lebt. Der natürliche Wirt ist die asiatische Honigbiene, die mit der Milbe leben kann. Die Varroamilbe breitete sich in ganz Europa aus und erreichte Großbritannien 1992. Sie ist jetzt weitverbreitet in Großbritannien und die Imker müssen ihre Völker behandeln, um den Befall unter der Schadensschwelle zu halten, da unsere Honigbiene die Milbenanzahl nicht selber kontrollieren kann. Hohe Milbenzahlen führen zu Stress und Sekundärinfektionen verursachen den Kollaps des Bienenvolkes.

- Varroatose oder Varrose ist die Bezeichnung für die Krankheit.

Verfliegen

- Bienen können nach der Rückkehr von einem Sammelflug in eine falsche Beute fliegen. Grund dafür kann eine vorherrschende Windrichtung sein, die die Bienen von ihrem Kurs abbringt, oder die Beutenaufstellung. Die Beute am Ende einer langen Reihenaufstellung sammelt oft alle Flugbienen.

Verteidigungsverhalten

- wenn sich ein Bienenvolk angegriffen fühlt, wird es sein Nest, Vorräte und Brut durch Stiche verteidigen. Dieses Verteidigungsverhalten ist eine Überlebensstrategie.

Waben-/Scheibenhonig-Produktion

- um die Bienen dazu zu bewegen, die kleinen Sektions zu füllen (was sie im Allgemeinen nicht mögen), müssen sie dicht zusammengedrängt werden. Damit sind sie gezwungen, die Sektions zu nutzen. Das wiederum kann zum Schwärmen des Volkes führen. Da der Imker damit aber die Hälfte seiner Sammelbienen verlieren würde, muss er das Schwärmen verhindern. *(In Deutschland wird zwischen Waben – und Scheibenhonig unterschieden: Wabenhonig enthält Blütenhonig, Scheibenhonig wird aus mit Heidehonig gefüllten Waben hergestellt.)*

WBC- Beute

- eine doppelwandige Beute, bei der die Langstroth-Beute mit einzelnen, überlappenden Sektionen umbaut und dadurch geschützt wird. Sie wurde von William Broughton carr entwickelt. Seine Initialen gaben der Beute ihren Namen.

Wilde Bienenvölker

- Bienenvölker, die - ohne Fürsorge des Imkers - wild leben

Wilde Drohne

- Drohne (männliche Biene) von einem wild lebenden Bienenvolk

Zeichnen und Flügelstutzen der Königin

- der Imker kann die Königin mit einem farbigen Stift auf der Oberseite ihrer Brust (Thorax) direkt hinter ihrem Kopf markieren. Der Imker ist damit in der Lage, die Königin schneller zwischen den tausenden Arbeitsbienen zu finden. Manche Imker schneiden der Königin ein Drittel eines Flügels. Dies verhindert, dass sie mit dem Schwarm davonfliegen kann. Sie wird dann ins Gras fallen und ist somit verloren. Die ausgeschwärmten Bienen werden zu dem Stock zurückfliegen, den sie vorher verlassen hatten. Somit verliert der Imker nicht die Hälfte eines Volkes und er gewinnt Zeit um weitere Schwarmverhinderungsmaßnahmen zu ergreifen.

Zink-Absperrgitter

- ein Königinnenabsperrgitter aus Zinkblech, deren Schlitze es den Bienen ermöglich zu passieren, während die Königin (und die Drohnen) nicht hindurch passen. Drahtabsperrgitter sind bei den Imkern weitaus gebräuchlicher.

Nachtrag

Ein Imkerfreund erzählte mir, dass seine Bienen im Tynetal teilweise resistent gegen die Varroamilbe geworden sind und das wild lebende Völker in seiner Region überleben. Ich bin mir ziemlich sicher, dass seine Behauptung, die Honigbienen lernen die Milben wie ihre nahe Verwandte *Apis cerana zu* beseitigen, richtig ist.

Joyce Walsingham auf dem Weihnachtsmarkt 2013 in Hexham mit einem großen Aufgebot an Produkten der Chain Bridge Honey Farm

Schlusswort

Diese Aufzeichnungen stammen von Beobachtungen meines Vaters und seinem Kreis von Imkerkollegen. Einige von ihnen waren äußerst sachkundig, besonders zu erwähnen ist Willie Smith. Die Beobachtungen wurden während einer Zeit von 25 Jahren, in denen ich mit meinem Vater zusammenarbeitete, und danach gemacht. Ungeachtet der Verantwortung, die ein Betrieb mit sich bringt, gibt es immer Zeit zu verstehen, was man sieht. Bienenvölker sind Gemeinschaftswesen *(der Bien)*, die sich wie Individuen verhalten. Sie treffen permanent Entscheidungen und machen nichts ohne Grund.

Ich danke Ann Middleditch für ihre Hilfe in all den Jahren, für diese Aufzeichnungen und für das Glossar, das sie zusammengestellt hat. Mein Dank geht auch an John Phipps, der mit der abschließenden Korrektur des Buches betraut war.

Willie Robson, Chainbridge Honey Farm, Juni 2011

Besuch eines Bienenstandes in den Lammermuir Hills, Scottish Borders, August 2012 (v. l. n. r. Heidrun Lieske, Harry Lieske, Norbert Mertens, Sabine Ommerborn, Willie Robson, Foto: Mertens)

Danksagung

Mein ganz besonderer Dank gilt Christiane, die mir an vielen Abenden bei einem Glas Rotwein bei der Übersetzung mit Rat und Tat zur Seite gestanden hat. Der rege Mail-Kontakt mit Anne Middleditch hat viele Fragen, die während der Übersetzung aufgekommen sind, vor allem wenn es um Sinnfragen oder Redewendungen ging, klären können. Der Dank gilt ebenso meinen Eltern, die die letzte Korrektur gelesen haben.

Ganz besonders möchte ich mich aber bei Willie Robson bedanken, der besonderes Vertrauen in meine Sprachkenntnisse und in die Kenntnisse der Betriebsweise in der Imkerei „Chain Bridge Honey Farm" gesetzt hat, um damit die Übersetzung dieses Buches zu ermöglichen. Häufige Telefonate mit Gesprächen über ein neues Kapitel für das Buch und die Imkerei im Allgemeinen waren in den vergangenen drei Jahren – vor allem in den Wintermonaten – üblich und immer willkommen.

Sabine Ommerborn, September 2015

Das Bienenjahr 2016

Letzter aktueller Nachtrag zur Situation der Berufsimkerei „Chain Bridge Honey Farm"

2016 war ein Jahr mit einem trüben, verregneten Sommer, gefolgt von einem warmen Herbst. Durch das schlechte Wetter im Frühjahr begann die Bienensaison mit dreiwöchiger Verspätung, so dass sich der Zustand der Völker entsprechend verschlechterte. Ich war besorgt, weil einige wenige Bienenvölker zum ersten Mal an einem Virus litten, der alle erwachsenen Bienen tötete. Und dennoch schafften es die verbliebenen Bienen zu überleben und die Völker konnten sich erholen.

Des Weiteren war auffällig, dass mehr Völker als üblich weisellos waren. Teilweise war dies bedingt durch das Wetter, teils durch eine Erkrankung verursacht, die sich in den vergangenen Jahren in den Völkern ausgebreitet hat. Ich bemerkte, dass die Hälfte der abgehenden Schwärme keine lebensfähigen Königinnen hatten, obwohl diese Weiseln Tage zuvor noch ordentliche Völker aufgebaut hatten. Der Stress des Schwärmens führte zum Einstellen der Eiablage. Dies ist besonders bei der „Dunklen Biene" eine alarmierende Entwicklung. Es ist schwierig geworden, die Zahl an Bienenvölkern aufrechtzuerhalten, da die Bienen in zunehmendem Maße nicht mehr in der Lage sind sich mit einer langlebigen Königin zu versorgen. Keine Königin, keine Bienen, kein Honig, keine Berufsimkerei. Wir sind zwar noch nicht annähernd an diesem Punkt, aber es ist ein quälender Gedanke.

Ich habe bisher immer angenommen, dass dieses Problem durch Pestizide in der Landwirtschaft verursacht wird. Ich komme aber immer mehr zu dem Schluss, dass die Varroamilbe die Völker zerstört. Ihre Anwesenheit stresst die Bienenvölker und mindert ihre Leistungsfähigkeit sowie ihre Resistenz gegen Krankheiten. Zweifellos erwartet man, dass die Trachtwanderung in Monokulturen das Problem verstärkt. Aber leider habe ich beobachtet, dass die Völker auch bei der Aufstellung auf guten Standplätzen mit einer geringen Völkerzahl die gleichen Symptome aufweisen.

Als ich vor mehr als 50 Jahren mit der Imkerei begann, waren Honigbienen eine gewaltige Kraft im ganzen Land und sie sind es immer noch. Aber einzig und allein weil Imker wie wir ihr Überleben gewährleisten. Gegenwärtig weiß ich nicht was den Bienenvölkern so zusetzt. Aber selbst wenn ich es wüsste, könnte ich keine adäquaten Maßnahmen treffen um ihnen nicht helfen.

Wenn man sich bei den Imkern umhört, ist dieses Erscheinungsbild in ganz Europa verbreitet. Einige Imker behandeln ihre Völker dreimal im Jahr gegen die Varroamilbe und sind dennoch kein Stückchen weiter. Andere stellen die Varroabehandlung komplett ein (in Amerika) und verlieren zwei Drittel ihrer Völker und möglicherweise auch ihren Betrieb. Wenn sich varroatoleranten Bienen mit anderen Bienen (größerer Genpool) der Umgebung kreuzen, werden diese die Eigenschaft der Varroatoleranz wieder verlieren, da diese nicht in den Genen verfestigt ist. Damit wird sich die Varroamilbe mit hoher Wahrscheinlichkeit wieder stärker vermehren.

Unser kleines Volk im 12-Waben-Schaukasten ist nie gegen die Varroamilbe behandelt worden und schafft es dennoch sich weiter zu entwickeln und jedes Jahr eine neue Königin zu ziehen. Dagegen zeigt ein anderes Volk in wenigen Metern Entfernung dazu Anzeichen von Varroaschäden und muss behandelt werden. Dies ist sehr merkwürdig.

Ein befreundeter Landschaftsgärtner sichtete ein großes, wildlebendes Bienenvolk in einem ummauerten Garten. Er erzählte mir, dass er von Zeit zu Zeit Bienen mit deformierten Flügeln auf dem Fußweg krabbeln sieht. Damit war das Ende des Volkes besiegelt.

Aber bei nächstmöglicher Gelegenheit ziehen wieder neue Bienen ein. Das Volk wird damit neu von Bienen gegründet, die vorher gegen die Varroamilbe behandelt wurden – zweifellos von uns Imkern. Das freut mich natürlich sehr.

Andrew Scoobie , der Imker während der „Ilse of Wight-Krankheit" war, stellte fest, dass diese höchst ansteckend Krankheit nur während eines kurzen Zeitraums auftrat. Es bleibt zu hoffen, dass dies bei der Varroose ebenso eintritt, obwohl ich es bezweifle. Fast immer waren einzelne Bienenvölker in einem Jahr tadellos in Ordnung, ein oder zwei Jahre später war ihre Leistungsfähigkeit eher dürftig. Mangelernährung und der Verlust an Vitalität – aus welchen Gründen auch immer – waren immer die begrenzenden Faktoren für die hier ansässige Population der „Dunklen Biene". Je mehr Bienenvölker die Imker verlieren, desto mehr Bienenvölker werden von irgendwoher importiert. Möglicherweise werden damit exotische und bisher unbekannte Krankheiten auf die regionalen Populationen verteilt und damit endemisch. Obwohl ich auch daran erinnern möchte, dass der Import von niederländischen Bienen in den 1930iger Jahren geholfen hat die „lse of Wight-Krankheit" zu überwinden.

Mittlerweile nehme ich in vielen Völkern Symptome des Bienenparalyse Virus wahr. Diese Krankheit ist meines Erachtens anders zu bewerten als die Erkrankung der Bienenvölker von 1965. Jetzt ist der Virus weitaus ansteckender. Die Bienenvölker kämpfen ums Überleben. Und sie werden noch weitere Rückschläge hinnehmen müssen, neigen die Viren doch zu Mutationen und zur Verbreitung wie ein Flächenbrand. Und so sehen wir und unsere „Dunkle Biene" einer ungewissen Zukunft entgegen.

Die Bienenvölker mit Medikamenten zu behandeln ist keine Alternative. Es wird eher auf ein Überleben durch Anpassung hinauslaufen. Und dieser Prozess wird Jahrzehnte in Anspruch nehmen. In Bezug auf diese neuen Viruserkrankungen werden hochrangige Königinnenzüchter, die den Großteil der weltweiten Imkerei unterstützen, ihre Zuchtvölker auf die Krankheitsresistenz selektieren müssen. Dies wird eine Änderung der gegenwärtigen Pläne erfordern, da in dem Selektionsprozess viele der nützlichen Eigenschaften, wie Leistungsfähigkeit und Sanftmut, möglicherweise verloren gehen, während vorher ausgemerzte Eigenschaften wieder zum Vorschein kommen.

Trotz aller Widrigkeiten haben wir in 2016 Honig geerntet. Glücklicherweise fiel die Ernte sogar größer aus als wir erwartet haben, wenn auch nur minimal.

William Robson, Dezember 2016

9 781904 846154